植物逆境生理学实验指导

施海涛　编

科学出版社

北京

内 容 简 介

本书包含植物的胁迫表征与渗透调节物、植物的第二信使与部分元素、植物的活性氧与抗氧化酶系统、植物代谢的部分关键酶和植物对病原细菌的抗性5个部分，共36个实验，基本涵盖了植物逆境生理学的所有实验操作。本书简明扼要、由表及里、深入浅出地介绍了植物逆境生理学相关实验体系；既强调基础理论体系与实验技术的结合，也注重知识的系统性与先进性，语言的通俗性和科学性。

图书在版编目(CIP)数据

植物逆境生理学实验指导／施海涛编．—北京：科学出版社，2016
ISBN 978-7-03-046316-6

Ⅰ.①植… Ⅱ.①施… Ⅲ.①植物生理学-实验 Ⅳ.①Q945-33

中国版本图书馆CIP数据核字（2015）第267633号

责任编辑：丛　楠　赵晓静／责任校对：张怡君
责任印制：张　伟／封面设计：铭轩堂

科学出版社出版
北京东黄城根北街16号
邮政编码：100717
http://www.sciencep.com
北京凌奇印刷有限责任公司印刷
科学出版社发行　各地新华书店经销
*
2016年1月第　一　版　开本：720×1000　B5
2023年7月第十次印刷　印张：7 1/8
字数：161 000

定价：29.80 元

（如有印装质量问题，我社负责调换）

丛 书 序

生命科学与技术是一门有较长历史的学科，即使在人类文明的初期，人们就已经注意到了生命与非生命的区别，并对各种生物进行了大量的观察、描述，收集整理了大量的相关材料。在21世纪的今天，生命科学与技术已经成为世界科学前沿最活跃的学科之一，并代表和引领着科学发展的最新方向。随着各种新理论、新概念、新技术和新方法的不断涌现，部分生命科学与技术专业课程的设置和内容明显落后于现代科学的发展，很多先进的技术方法和新理论不能及时走进课堂，也使学生缺乏关于高新技术发展对社会进步和日常生活影响的认识，进而影响了他们科学价值观的形成。

植物生理与基因工程是研究植物生命规律及其调控的科学，理论性较强，与农业生产密切相关。在过去的几十年里，植物生理与基因工程在探索作物高产、超高产潜力，揭示作物抗逆、生长发育过程的调控机制，在组培快繁、农产品储藏、保鲜研究等方面取得了很多重大成果。同时，植物生理与基因工程的发展还带动了作物栽培学、作物育种学、植物病理学、医药卫生工业等学科的发展，内容涉及植物分子生物学、植物细胞生物学、植物发育生物学、植物代谢、植物分子病理学、植物资源学等领域。植物生理与基因工程是当代生物学发展最迅速、最具活力和生机的领域，特别是近年来随着新技术的出现和发展，植物生理与基因工程的研究更是如虎添翼。而且，它与其他学科互相渗透，互相推动，从而促进了生命科学的发展。

在全球气候变化条件下，温度的升高和降水格局的变化，各种环境因子胁迫单独或联合作用将导致作物大幅度减产，并引发自然生态系统退化，已经成为制约现代农业发展的一个重要问题。然而，由于植物自身不能移动，当遭受逆境环境时只能应答外界胁迫，从而进化出一系列复杂而精密的调控机制，来感受外部胁迫并传递信号，最终在分子、细胞和整个植株水平形成应激性反应。各种逆境胁迫首先被植物细胞膜上的感应器所感受，然后信号通过第二信使被传导到下游激发转录因子，从而启动基因的表达，最后通过基因产物的作用在生理生化等方面作出合适的调节反应，以应答相应的胁迫并存活下来。

植物的抗性既受系统发生的遗传基因所控制，又受个体发育中生理生态因素所制约。在逆境下，植物形态结构和生理特性发生明显变化。多种胁迫都会使自由水含量降低，光合作用减缓，呼吸变化异常，蛋白质、碳水化合物等物质分解大于合成。脯氨酸、甜菜碱、可溶性糖等可通过调节细胞的渗透势从而提高植物的抗渗透胁迫能力。在逆境下，植物激素的相对比例发生改变，以不同方式使植物的抗性得以提高，特别是脱落酸在其中起了重要的作用。生物膜往往是胁迫的原初作用部位，逆境下活性氧的产生和消除失去平衡，而抗氧化酶系统对膜系统起保护作用。因此，植物应答各种胁迫反应时，最直观的表现是在生理水平上，如促进渗透调节物的合成、诱导一些功能蛋白、离子调节和区域化、清除活性氧毒害等，所以研究植物逆境胁迫下生理反应具有十分重要的现实意义。

另外，植物表现在生理生化水平上的变化只是在应答非生物胁迫时的下游调整，针对激发这些下游生理生化变化的上游调控的分子机制则需要通过分子生物学的方法进行探讨，特别是分子遗传学的应用。反向遗传学的策略是从已知的基因序列入手鉴定其功能，研究手段包括基因的互补实验、超表达、反义抑制、基因敲除、基因激活等。研究植物体内基因的功能有两大方法，一是基因功能丧失，即筛选目的基因功能部分丧失或全部丧失的突变体，比较其与野生型的差异来确定该基因的功能；二是基因功能增加，即筛选目的基因高水平表达的功能增加植株，比较其与相应对照植株（野生型植株，功能丧失突变体）的差异，来分析基因功能。因此，植物分子生物学的研究方法在当前研究中越来越重要，是不可或缺的。

笔者从事植物逆境胁迫生理与基因工程研究和教学工作十余年，根据笔者多年相关研究经验，选择应用较多的植物逆境生理学实验 36 个和植物基因工程实验 27 个，共 63 个实验汇编成本系列丛书。其中植物逆境生理学实验包含 5 部分，即植物的胁迫表征与渗透调节物、植物的第二信使与部分元素、植物的活性氧与抗氧化酶系统、植物代谢的部分关键酶和植物对病原细菌的抗性；植物基因工程包含植物基因克隆，植物的组织培养、遗传转化和分子检测，以及植物基因的分子遗传与生化研究 3 部分；这些部分包括了从事相关专业的主要研究背景、原理和研究方法。本书既可应用于植物逆境生理学相关专业课程，也可应用于植物分子生物学专业课程，还可应用于相关专业交叉学科。本丛书将植物逆境生理学和植物基因工程的理论原理与实际操作实验完美结合，学生能自主立项、独立完成实验，初步运用所学的基本实验技能，解决有关植物生理学的问题，在科学态度、实验技能、独立工作能力方面获得初步的训练。希望能够让相关领域的本科生、研究生和青年科研人员快速了解相关实验原理，并掌握相关实验操作。

本　书　序

植物逆境生理学是研究植物生命规律及其调控的科学，理论性较强，与农业生产密切相关，因而也是一门实验性科学。本书包含植物的胁迫表征与渗透调节物、植物的第二信息与部分元素、植物的活性氧与抗氧化酶系统、植物代谢的部分关键酶和植物对病原细菌的抗性5个部分，共36个实验，基本涵盖了植物逆境生理学的所有实验操作。本书是作者在十多年来科研和教学基础上逐步补充和完善而成，简明扼要、由表及里、深入浅出地介绍了植物逆境生理学相关实验体系；既强调基础理论体系与实验技术的结合，又注重知识的系统性与先进性，语言的通俗性和科学性。

本书引用了大量国内外同行的结果，在此一并表示感谢。由于编写时间仓促，以及编者水平有限和研究方向的局限性，书中难免存在一些不足和纰漏，敬请专家和读者给予批评指正和谅解。

本书能够成稿，要感谢海南大学农学院何朝族研究员和陈银华教授的大力帮助和支持，感谢海南大学教育教学改革研究课题（No. hdjy1601）和海南大学高层次人才引进的科研项目经费（经费编号：kyqd1531）的支持，还要感谢科学出版社的丛楠编辑在文字、图表和格式上认真细致的修改校正及热情耐心的关心与帮助。

施海涛

haitaoshi@hainu.edu.cn

2015年11月于海南大学

目　录

第一部分　植物的胁迫表征与渗透调节物

在全球气候变化条件下，温度的升高和降水格局的变化，各种环境因子胁迫单独或联合作用将导致作物大幅度减产，并引发自然生态系统退化，已经成为制约现代农业发展的一个重要问题。仅以干旱和盐害为例作如下介绍，就可以非常直观地发现逆境胁迫对农业生产的危害是非常大的。据统计，世界干旱半干旱地区占陆地面积的34.9%；我国干旱半干旱地区约占国土面积的53%，全国灌溉区因缺水而少收粮食350亿~400亿kg。干旱的威胁不只发生在北方干旱半干旱地区，年降水量大的南方湿润半湿润地区也会因雨量时空分布不均而经常发生强季节性干旱。干旱对世界作物产量的影响，在诸多自然逆境中占首位，其危害相当于其他灾害的总和。全球约有8亿公顷土地都属于盐碱地，超过全部土地的6%，约占全部耕地面积的1/5。随着土壤中易溶性盐含量的增高，对植物的损伤也不断加大，导致植物减产甚至死亡。当含盐量达到0.1%~0.3%时，已经变得不适合不耐盐植物生长。当含盐量达到0.3%~0.6%时，则大多数农作物的生长发育都将受到抑制，造成不同程度的损伤。

植物胁迫给植物带来的危害是多方面的，但最直观的就是对植物形态的影响：①干旱会导致叶片和嫩茎萎蔫，气孔开度减小甚至关闭；②淹水使叶片黄化、枯干，根系褐变甚至腐烂，高温下叶片变褐，出现死斑，树皮开裂；③逆境往往使细胞膜变性、龟裂，细胞的区域化被打破，原生质的性质改变，叶绿体、线粒体等细胞器结构遭到破坏。植物胁迫也会导致一系列的代谢毒害：①逆境降低核酮糖-1,5-二磷酸(ribulose diphosphatecarboxylase，RuBP)羧化酶和磷酸烯醇式丙酮酸(phosphoenolpyruvate，PEP)羧化酶的活性，破坏叶绿素且使其生物合成受阻，使得叶绿素和总类胡萝卜素含量在叶中普遍降低；②各种非生物胁迫都会造成活性氧毒害，这些活性氧的大量积累将启动过氧化连锁反应，造成膜功能紊乱甚至细胞死亡；③逆境将促进蛋白质的分解，而抑制其合成；逆境还会降低植物的脂类含量，由于脂类是大多数细胞内膜的结构组成，脂类含量的降低将影响细胞膜的通透性和产生其他代谢伤害。而植物形态结构的变化与代谢和功能的变化是一致的，因此研究植物的胁迫表征是十分关键的。

渗透调节物主要包括脯氨酸、甜菜碱、可溶性糖类(如蔗糖、葡萄糖、果糖、半乳糖等)和多元醇类(如甘油、山梨醇、甘露醇等)等。这些渗透调节物的存在共同减少了植物细胞水分渗透压力，保持细胞内外渗透压平衡，以维持植物在胁迫条件下的正常生长需要。它们的共同特点是：①相对分子质量小、易溶解；②有机调节物在生理 pH 范围内不带静电荷；③能被细胞膜保持住；④引起酶结构变化的作用极小；⑤在酶结构稍有变化时，能使酶构象稳定，而不至溶解；⑥生成迅速，并能累积到足以引起渗透势调节的量。因此，检测植物体内各种渗透调节物的含量也是十分必要的。

本部分共包括 10 个实验，即实验一 植物叶片中叶绿素含量的测定；实验二 植物叶片可溶性糖和蔗糖含量的测定；实验三 植物叶片中氨基酸(氨态氮)总量的测定；实验四 植物叶片中各种氨基酸的测定；实验五 植物叶片中脯氨酸含量的测定；实验六 植物叶片中总黄酮含量的测定；实验七 植物叶片中抗坏血酸(维生素 C)含量的测定；实验八 植物叶片中硫胺素(维生素 B_1)的测定；实验九 植物叶片中核黄素(维生素 B_2)的测定；实验十 植物叶片中维生素 B_6 的测定。

实验一　植物叶片中叶绿素含量的测定

一、实验原理

光合作用是通过合成一些有机化合物将光能转变为化学能的过程。叶绿素(chlorophyll)是一类与光合作用(photosynthesis)有关的最重要的色素。叶绿素实际上存在于所有能营造光合作用的生物体中，包括绿色植物、原核的蓝绿藻(蓝菌)和真核的藻类。叶绿素从光中吸收能量，然后能量被用来将二氧化碳转变为碳水化合物。叶绿素为镁卟啉化合物，包括叶绿素 a、叶绿素 b、叶绿素 c、叶绿素 d、叶绿素 f、原叶绿素和细菌叶绿素等。

叶绿素分子是由两部分组成的：核心部分是一个卟啉环(porphyrin ring)，其功能是吸收光；另一部分是一个很长的脂肪烃侧链，称为叶绿醇(phytol)，叶绿素用这种侧链插入类囊体膜。与含铁的血红素基团不同的是，叶绿素卟啉环中含有一个镁原子。叶绿素分子通过卟啉环中单键和双键的改变来吸收可见光。各种叶绿素之间的结构差别很小。如叶绿素 a 和叶绿素 b 仅在吡咯环Ⅱ上的附加基团上有差异：前者是甲基，后者是甲醛基。细菌叶绿素和叶绿素 a 不同处也只在于卟啉环Ⅰ上的乙烯基换成酮基和卟啉环Ⅱ上的一对双键被氢化。

高等植物叶绿体中的叶绿素主要有叶绿素 a 和叶绿素 b 两种。它们不溶于水，而溶于有机溶剂，如乙醇、丙酮、乙醚、氯仿等。叶绿素 a 分子式：$C_{55}H_{72}O_5N_4Mg$；叶绿素 b 分子式：$C_{55}H_{70}O_6N_4Mg$。在颜色上，叶绿素 a 呈蓝绿色，而叶绿素 b 呈黄绿色。按化学性质来说，叶绿素是叶绿酸的酯，能发生皂化反应。叶绿酸是双羧酸，其中一个羧基被甲醇所酯化，另一个被叶醇所酯化。叶绿素分子含有一个卟啉环的“头部”和一个叶绿醇的“尾巴”。镁原子居于卟啉环的中央，偏向于带正电荷，与其相连的氮原子则偏向于带负电荷，因而卟啉具有极性，是亲水的，可以与蛋白质结合。叶醇是由 4 个异戊二烯单位组成的双萜，是一个亲脂的脂肪链，它决定了叶绿素的脂溶性。叶绿素不参与氢的传递或氢的氧化还原，而仅以电子传递(即电子得失引起的氧化还原)及共轭传递(直接能量传递)的方式参与能量的传递。卟啉环中的镁原子可被氢离子、铜离子、锌离子所置换。用酸处理叶片，氢离子易进入叶绿体，置换镁原子形成去镁叶绿素，使叶片呈褐色。去镁叶绿素易再与铜离子结合，形成铜代叶绿素，颜色比原来更稳定。人们常根据这一原理用乙酸铜处理来保存绿色植物标本。叶绿醇是亲脂的脂肪族链，由于它的存在而决定了叶绿素分子的脂溶性，使之溶于丙酮、乙醇、乙醚等有机溶剂。由于结构上的差别，叶绿素 a 呈蓝绿色，叶绿素 b 呈黄绿色。

叶绿素不很稳定，光、酸、碱、氧、氧化剂等都会使其分解。酸性条件下，叶绿素分子很容易失去卟啉环中的镁成为去镁叶绿素。叶绿素溶液能进行部分类似光合作用的反应，在光下使某些化合物氧化或还原。人工制备的叶绿素膜在光下能产生光电位和光电流，也能催化某些氧化还原反应。

水是植物进行光合作用不可或缺的，各种逆境胁迫下，光合速率的下降是气孔限制和非气孔限制双重作用的结果。叶绿素在植物体内是不断进行代谢的，与光合作用及产量形成的关系密切。叶绿素是光合作用中最重要和最有效的色素，其含量在一定程度上能反映植物同化物质的能力，从而影响植物的生长。植物缺少水分会抑制叶绿素的生物合成，而且与蛋白质合成受阻有关，严重缺水还会加速原有叶绿素的分解，因此植物在遭受各种胁迫时，叶片呈黄褐色。所以叶绿素含量是衡量植物在胁迫情况下生长状态的一个非常重要的生理指标。

二、实验仪器

常用玻璃容器与EP管，烘箱，天平，研磨器，冷冻离心机，移液枪(配套枪头)，紫外分光光度计等。

三、实验试剂

无水乙醇，双蒸水。

四、实验步骤

(1)取4周的植物叶片在80℃的烘箱内干燥过夜，然后准确称取100 mg新鲜叶片加入液氮后用研磨棒充分磨碎后放入试管中，加入5 ml 95%(*V/V*)乙醇，放置黑暗中48 h提取。

(2)12 000 r/min、4℃、离心5 min收集上清提取液。用分光光度计分别测定提取液在649 nm和665 nm下的吸光度。

(3)用下列公式分别计算出样品中叶绿素a的浓度(Chl_a)、叶绿素b的浓度(Chl_b)和叶绿素的总浓度(Chl)。

$$Chl_a(mg/g\ FW) = (13.95 \times OD_{665} - 6.88 \times OD_{649}) \times 0.005/0.1 \quad (1\text{-}1)$$

$$Chl_b(mg/g\ FW) = (24.96 \times OD_{649} - 7.32 \times OD_{665}) \times 0.005/0.1 \quad (1\text{-}2)$$

$$Chl(mg/g\ FW) = Chl_a + Chl_b = (18.08 \times OD_{649} + 6.63 \times OD_{665}) \times 0.005/0.1 \quad (1\text{-}3)$$

式中，Chl_a为样品中叶绿素a的浓度；Chl_b为样品中叶绿素b的浓度；Chl为样品中叶绿素的总浓度，即叶绿素a和叶绿素b的总浓度；OD_{649}为样品提取液在649 nm下的吸光度；OD_{665}为样品提取液在665 nm下的吸光度。

五、思考题

(1)为什么叶绿素提取要放置在黑暗中?

(2)叶绿素在常温下是否稳定?

(3)在胁迫情况下，植物叶绿素为什么会发生变化?

实验二　植物叶片可溶性糖和蔗糖含量的测定

一、实验原理

糖类物质是多羟基(两个或以上)的醛类(aldehyde)或酮类(ketone)化合物，在水解后能变成以上两者之一的有机化合物。在化学上，由于其由碳元素、氢元素、氧元素构成，在化学式的表现上类似于“碳”与“水”聚合，故又称之为碳水化合物。糖类物质是多羟基醛或酮，据此可分为醛糖(aldose)和酮糖(ketose)。糖还可根据碳原子数分为丙糖(triose)、丁糖(terose)、戊糖(pentose)、己糖(hexose)。最简单的糖类就是丙糖(甘油醛和二羟丙酮)，由于绝大多数的糖类化合物都可以用通式$C_n(H_2O)_n$表示，因此过去人们一直认为糖类是碳与水的化合物，称为碳水化合物。后来发现有些糖如鼠李糖($C_6H_{12}O_5$)、脱氧核糖($C_5H_{10}O_4$)并不符合碳水化合物通式；此外，有些有机化合物的分子中氢氧原子个数之比恰好是2∶1，如甲醛(CH_2O)、乙酸($C_2H_4O_2$)，符合碳水化合物定义，但不是糖类。

糖还可根据结构单元数目的多少分为以下4种。①单糖(monosaccharide)：不能被水解成更小分子的糖。常见单糖有葡萄糖(CH_2OH—CHOH—CHOH—CHOH—CHOH—CHO)、果糖(CH_2OH—CHOH—CHOH—CHOH—CO—CH_2OH)、核糖(CH_2OH—CHOH—CHOH—CHOH—CHO)和脱氧核糖(CH_2OH—CHOH—CHOH—CH_2—CHO)。②低聚糖，又称寡糖(disaccharide)：由2～10个单糖分子脱水缩合而成。具有营养意义的低聚糖是双糖，也较为普遍。常见双糖有以下3种：蔗糖，广泛存在于植物的根、茎、叶、花、果实和种子中，尤以甘蔗和甜菜中含量最高，故名蔗糖。蔗糖分子由一个葡萄糖分子和一个果糖分子缩合而成。麦芽糖，又称饴糖，甜度约为蔗糖的一半。麦芽糖分子由两个葡萄糖分子脱水缩合而成。乳糖，因存在于哺乳动物的乳汁中而得名。乳糖分子由一个葡萄糖分子和一个半乳糖分子结合而成。③多糖(polysaccharide)：由几百个乃至几万个单糖分子缩合生成，通式为$(C_6H_{10}O_5)_n$，最重要的是淀粉与纤维素。均一性多糖有淀粉、糖原、纤维素、半纤维素、几丁质(壳多糖)；不均一性多糖有糖胺多糖类(透明质酸、硫酸软骨素、硫酸皮肤素等)。④结合糖(glycoconjugate)：糖脂、糖蛋白(蛋白聚糖)、糖-核苷酸等。

糖的生物学功能主要是：①提供能量，植物的淀粉和动物的糖原都是能量的储存形式；②物质代谢的碳骨架，为蛋白质、核酸、脂类的合成提供碳骨架；③细胞的骨架，纤维素、半纤维素、木质素是植物细胞壁的主要成分，肽聚糖是原核生物细胞壁的主要成分；④细胞间识别和生物分子间的识别，细胞膜表面糖蛋白的寡糖链参与细胞间的识别。一些细胞的细胞膜表面含有糖分子或寡糖链，构成细胞的天线，参与细胞通信。葡萄糖的分解代谢途径主要有三条，根据其反应条件、反应过程及终产物的不同而分为：①在不需氧时进行的无氧氧化(糖酵解)；②在需氧时进行的有氧氧化；③生成磷酸戊糖和还原型烟酰胺腺嘌呤二核苷酸磷酸即还原型辅酶Ⅱ(triphosphopyridine nucleotide，NADPH)的磷酸戊糖途径。

可溶性糖就是易溶于水的糖。常见的有葡萄糖、果糖、麦芽糖和蔗糖。还原糖是能够还原斐林试剂的糖，是生物实验中常用到的试剂，所有单糖(除二羟丙酮)，无论醛糖还是酮糖都是还原糖。总糖是指某种食品或物体里所含有糖的总量。可溶性糖类(如蔗糖、葡萄糖、果糖、半乳糖等)是植物体内的重要的渗透调节物，它们的存在可以减少胁迫条件下植物细胞水分渗透压，保持细胞内外渗透压平衡，以维持植物在胁迫条件下的正常生长需要。因此可溶性糖含量是衡量植物在胁迫情况下渗透调节物的一个非常重要的生理指标。

糖在浓硫酸作用下，可经脱水反应生成糠醛或羟甲基糠醛，生成的糠醛或羟甲基糠醛可与蒽酮反应生成蓝绿色糠醛衍生物，在一定范围内，颜色的深浅与糖的含量成正比，故可用于糖的定量测定。该法的特点是几乎可以测定所有的碳水化合物，不但可以测定戊糖与己糖，而且可以测所有寡糖和多糖，其中包括淀粉、纤维素等(因为反应液中的浓硫酸可以把多糖水解成单糖而发生反应)，所以用蒽酮法测出的碳水化合物含量，实际上是溶液中全部可溶性碳水化合物总量，在没有必要细致划分各种碳水化合物的情况下，用蒽酮法可以一次测出总量，省去许多麻烦，因此，有特殊的应用价值。但在测定水溶性碳水化合物时，因与蒽酮试剂发生反应而增加了测定误差。此外，不同的糖类与蒽酮试剂的显色深度不同，果糖显色最深，葡萄糖次之，半乳糖、甘露糖较浅，五碳糖显色更浅，故测定糖的混合物时，常因不同糖类的比例不同造成误差，但测定单一糖类时，则可避免此种误差。糖类与蒽酮反应生成的有色物质在可见光区的吸收峰为630 nm，故在此波长下进行比色。

二、实验仪器

常用玻璃容器与 EP 管，烘箱，天平，研磨器，水浴锅，冷冻离心机，移液枪(配套枪头)，紫外分光光度计等。

三、实验试剂及配制

乙醇，活性炭，NaOH，HCl，间苯二酚，蔗糖，葡萄糖，蒽酮，浓硫酸。

0.1%(*W/V*)间苯二酚：0.1 g 间苯二酚溶于 100 ml 95% 乙醇，避光保存。

蒽酮试剂：先将 76 ml 浓硫酸加入 24 ml 水中配制成 100 ml 稀硫酸，再将 150 mg 蒽酮溶于 100 ml 稀硫酸，该溶液需要现用现配。

四、实验步骤

1. 从植物材料中提取可溶性糖

取新鲜的植物叶片在 80℃的烘箱内干燥过夜，然后准确称取 50 mg 干叶片用研磨棒充分磨碎后放入试管中，加入 5 ml 80% 乙醇，置于 80℃水浴 40 min，在水浴过程中不断搅拌以充分提取，然后离心收集上清液，同时将残渣用 80%(*V/V*)乙醇重复提取两三次，然后合并上清液。最后在上清液中加入少量的活性炭，在 80℃脱色反应 30 min，12 000 r/min、4℃、离心 5 min 收集上清提取液，最后定容至 10 ml，过滤后取滤液或离心后取上清液为下面实验备用。

2. 还原糖含量测定

取 50 μl 上一步乙醇提取液，加入 50 μl 2 mol/L NaOH，形成 0.1 ml 反应体系，100℃煮沸 5 min，过程中不断搅拌以充分提取，冷却后加入 0.7 ml 30%(*W/V*)HCl，0.2 ml 0.1%(*W/V*)间苯二酚，摇匀，80℃水浴反应 10 min，在水浴过程中不断搅拌以充分提取，冷却后测定 OD_{480}。同时配制不同浓度的还原糖溶液，按上述步骤进行反应后测定不同浓度的还原糖溶液反应液的 OD_{480}，以此作出标准曲线来计算样品中的还原糖含量。

3. 可溶性总糖的测定

取 50 μl 上一步乙醇提取液进行干燥浓缩，加入 3 ml 蒽酮试剂，90℃水浴 15 min，水浴过程中不断搅拌以充分提取，然后测定 OD_{620}。同时配制不同浓度的葡萄糖溶液，按上述步骤进行反应后测定不同浓度的葡萄糖溶液反应液的

OD_{620}，并以此作出标准曲线来计算样品中的可溶性总糖含量。

五、思考题

(1)糖有哪些分类?
(2)糖有哪些生物学功能?
(3)间苯二酚溶液要怎么保存?
(4)蒽酮试剂为什么要现用现配?
(5)胁迫情况下，植物叶片中糖含量会发生什么变化?

实验三　植物叶片中氨基酸(氨态氮)总量的测定

一、实验原理

自然界存在的含氮化合物跟人类息息相关，人类生命所需的含氮物质主要来源于粮食和动物提供的有机氮和饮用水中提供的无机氮化物。然而，随着人口增长，人类对环境的破坏愈加剧烈，酸雨、土壤污染及水污染等灾害严重影响了动植物的健康，因而为了人类自身的可持续发展，为了人类的身心健康，需保护环境，监测动植物食品和饮用水中污染物的含量，以达到预防为主、防治结合的目的。

目前，国家标准针对氮的分析主要分以下 5 个方面：总氮、氨氮、硝酸盐氮、亚硝酸盐氮、凯氏氮。

1. 总氮

总氮是指含氮量(包括硝酸盐氮、亚硝酸盐氮、无机铵盐、溶解态氨几部分有机含氮化合物中氮的总和)。可溶性总氮是指可溶性及含可过滤性固体(小于 0.45 μm 颗粒物)的含氮量。总氮的测定方法，一是采用分别测定有机氮和无机氮化合物(氨氮、亚硝酸盐氮、硝酸盐氮)后加和的办法；二是以过硫酸钾氧化，使有机氮和无机氮转变为硝酸盐后，通过离子选择电极法对溶液中的硝酸根离子进行测量，也可以用紫外法或还原为亚硝酸盐后，用偶氮比色法，以及离子色谱法进行测定。

2. 氨氮

氨氮是指游离氨(或称非离子氨，NH_3)或离子氨(NH_4^+)形态存在的氨。pH

较高，游离氨的比例较高；反之，铵盐的比例高。常用来测定氨的两个近似灵敏度的比色方法是经典的纳氏试剂法和苯酚-次氯酸盐法；滴定法和电极法也常用来测定氨；当氨氮含量高时，也可采用蒸馏-滴定法。

3. 硝酸盐氮

硝酸盐是在有氧条件下，各种形态含氮化合物中最稳定的氮化合物，通常用以表示含氮有机物无机化作用最终阶段的分解产物。当仅含有硝酸盐而不存在其他有机或无机的氮化合物时，认为有机氮化合物分解完全。硝酸盐氮的测定方法有离子选择电极法、酚二磺酸分光光度法、镉柱还原法、紫外分光光度法、戴氏合金还原法、离子色谱法、紫外法。其中离子选择电极法测量方便，范围宽，而且价格便宜，对样品要求较低；酚二磺酸分光光度法测量范围宽，显色稳定；镉柱还原法适用于低含量硝酸盐测定；戴氏合金还原法适用于污染严重并带深色椆的测定；离子色谱法需要专用仪器，但可与其他阴离子联合测定。

4. 亚硝酸盐氮

亚硝酸盐是氮循环的中间产物。亚硝态氮不稳定，可以氧化成硝酸盐氮，也可以还原成氨氮。因此，在测定其含量的同时，也可了解硝酸盐和氨的含量。亚硝酸盐的测定方法通常采用重氮-偶联反应，生成红紫色染料。该方法灵敏度高、检出限低、选择性强。重氮试剂选用对氨基苯磺酰胺和对氨基苯磺酸，偶联试剂为 *N*-(1-萘基)-乙二胺和 α-萘胺(有毒)，*N*-(1-萘基)-乙二胺用得较多。亚硝酸盐氮的测定方法有 *N*-(1-萘基)-乙二胺分光光度法、萃取分光光度法、离子色谱法、气相色谱法等。

5. 凯氏氮

凯氏氮是以凯氏法测得的含氮量。它包括氨氮和在此条件下能被转化为铵盐而测定的有机氮化合物。此类有机氮主要指蛋白质、胨、氨基酸、核酸、尿素及大量合成的氮为负三价的有机氮化合物。不包括叠氮化合物、联氮、偶氮、腙、硝酸盐、腈、硝基、亚硝基、肟和半卡巴腙类含氮化合物。由于一般存在的有机化合物多为前者，因此，在测定凯氏氮和氨氮后，其差值即有机氮。测定原理是加入硫酸加热消解，使有机物中的氨基及游离氨和铵盐均转变为硫酸氢铵，消解后的液体，呈碱性蒸馏出氨，吸收于硼酸溶液，然后以滴定法或光度法测定氨含量。测定凯氏氮或有机氮，主要是为了了解水体受污染状况，尤其在评价湖泊和水库的富营养化时，是个有意义的指标。

蛋白质经水解或酶解可由大分子变成小的蛋白质成分，如水解后的产物经胨、肽等最后成为氨基酸，氨基酸是构成蛋白质最基本的物质。水解后的蛋白质和水解前的蛋白质在物理特性、化学结构及被吸收消化的程度上是很不相同的，其差别与水解的程度有密切关系，分析氨基酸的含量就可以知道水解的程度，也就可以评价植物样品中的营养价值。氨基酸不是单纯的一种物质，用氨基酸分析仪可直接测定出 17 种氨基酸(但其仪器价格昂贵，不能普遍使用)，其实很多种氨基酸可以同时存在于一种植物样品中，因此需要测定总的氨基酸量，它们不能以氨基酸百分率来表示，只能以氨基酸中所含的氮(氨基酸态氮)的百分率表示。氨基酸在一定 pH 范围内，能与茚三酮生成蓝紫色化合物，该蓝紫色化合物在 570 nm 时有最大吸收峰，从而可以用比色法定量测定。

二、实验仪器

常用玻璃容器与 EP 管，烘箱，天平，研磨器，水浴锅，冷冻离心机，移液枪(配套枪头)，紫外分光光度计等。

三、实验试剂及配制

磷酸缓冲液(pH 8.04)：称取磷酸二氢钾 4.5350 g，定容 500 ml，称磷酸二氢钠($NaH_2PO_4 \cdot 12H_2O$)11.9380 g 分别溶解定容 500 ml，取磷酸二氢钾 10 ml 与磷酸氢二钠 190 ml 混合即为 pH 8.04 的缓冲液。

2% 茚三酮溶液：称取茚三酮 1 g 溶于 35 ml 热水，加入 40 mg 氯化亚锡($SnCl_2 \cdot H_2O$)搅拌过滤(作防腐剂)，于冷暗处过夜后定容 50 ml。

氨基酸标准液：称取干燥氨基酸(如异亮氨酸)0.2 g，溶解定容 100 ml，摇匀后取 10 ml 于另外 100 ml 容量瓶定容 100 ml，即得 200 μg/ml 标液。

四、实验步骤

(1)绘制标准曲线：取 7 个 25 ml 容量瓶，吸取标准液 0 ml、0.5 ml、1.0 ml、1.5 ml、2.0 ml、2.5 ml、3.0 ml 于 7 个 25 ml 容量瓶中，加水补充至容积为4 ml，然后加 2% (*W/V*) 茚三酮溶液和磷酸缓冲液(pH 8.04)各 1 ml，于 100℃水浴加热 15 min，冷却后定容 25 ml，静置 15 min，在 570 nm 下测定吸光度，绘制标准曲线。

(2)样品测定：称取 1 g 新鲜的植物叶片，加入液氮后用研磨棒轻轻研磨后加入 5 ml 磷酸缓冲液(pH 8.04)，冰上提取，12 000 r/min、4℃、离心 5 min 收集上清提取液。取样品 1 ml，加茚三酮和缓冲液各 1 ml 于 100℃水浴加热15 min，冷却定容，静置 15 min 于 570 nm 下测定吸光度，进而计算样品中氨基酸含量。

五、思考题

(1)如何避免使用前的茚三酮发生氧化?

(2)如何配制磷酸缓冲液?

(3)氮可以分为哪几种?

(4)胁迫情况下，植物体内的氮含量会发生什么变化?

实验四　植物叶片中各种氨基酸的测定

一、实验原理

氨基酸(amino acid)是含有氨基和羧基的一类有机化合物的通称。20 种氨基酸在结构上的差别取决于侧链基团 R 的不同。通常根据 R 基团的化学结构或性质将 20 种氨基酸进行分类，根据侧链基团的极性，可分为非极性氨基酸(疏水氨基酸)8 种和极性氨基酸(亲水氨基酸)12 种。非极性氨基酸(疏水氨基酸)8 种包括丙氨酸、缬氨酸、亮氨酸、异亮氨酸、脯氨酸、苯丙氨酸、色氨酸和蛋氨酸(甲硫氨酸)。极性氨基酸(亲水氨基酸)12 种包括极性不带电荷氨基酸 7 种(甘氨酸、丝氨酸、苏氨酸、半胱氨酸、酪氨酸、天冬酰胺和谷氨酰胺)，极性带正电荷的氨基酸(碱性氨基酸)3 种(赖氨酸、精氨酸和组氨酸)及极性带负电荷的氨基酸(酸性氨基酸)2 种(天冬氨酸和谷氨酸)。

氨基酸是生物功能大分子蛋白质的基本组成单位，是构成动物营养所需蛋白质的基本物质，是含有一个碱性氨基和一个酸性羧基的有机化合物。氨基连在 α-碳上的为 α-氨基酸。组成蛋白质的氨基酸均为 α-氨基酸。氨基酸是构建生物机体的众多生物活性大分子之一，是构建细胞、修复组织的基础材料。脯氨酸分子中吡咯环在结构上与血红蛋白密切相关，羟脯氨酸是胶原的组成成分之一。氨基酸对植物的营养贡献不只是提供氮源，还对植物的生理代谢有不可低估的影响。例如，氨基酸具有减轻植物重金属离子的毒害作用。

蛋白质经盐酸水解成为游离氨基酸，经氨基酸分析仪的离子交换柱分离后，与茚三酮溶液产生颜色反应，再通过分光光度计比色测定氨基酸含量。一份水解液可同时测定天冬氨酸、苏氨酸、丝氨酸、谷氨酸、脯氨酸、甘氨酸、丙氨酸、缬氨酸、蛋氨酸、异亮氨酸、亮氨酸、酪氨酸、苯丙氨酸、组氨酸、赖氨酸和精氨酸16种氨基酸，其最低检出限为10 pmol。

二、实验仪器

常用玻璃容器与EP管，天平，真空泵，恒温干燥箱，真空干燥器，移液枪（配套枪头），氨基酸自动分析仪，水解管（耐压螺盖玻璃管或硬质玻璃管，体积20～30 ml）等。

三、实验试剂及配制

浓盐酸和高纯氮气。

4.26 mol/L盐酸：浓盐酸与水1∶1混合而成。

苯酚：需重蒸馏。

混合氨基酸标准液：0.0025 mol/L。

pH 2.2的柠檬酸钠缓冲液：称取19.6 g柠檬酸钠和16.5 ml浓盐酸加水稀释到1000 ml，用浓盐酸或50%的氢氧化钠溶液调节pH至2.2。

pH 3.3的柠檬酸钠缓冲液：称取19.6 g柠檬酸钠和12 ml浓盐酸加水稀释到1000 ml，用浓盐酸或50%的氢氧化钠溶液调节pH至3.3。

pH 4.0的柠檬酸钠缓冲液：称取19.6 g柠檬酸钠和9 ml浓盐酸加水稀释到1000 ml，用浓盐酸或50%的氢氧化钠溶液调节pH至4.0。

pH 6.4的柠檬酸钠缓冲液：称取19.6 g柠檬酸钠和46.8 g氯化钠加水稀释到1000 ml，用浓盐酸或50%的氢氧化钠溶液调节pH至6.4。

pH 5.2的乙酸锂溶液：称取氢氧化锂168 g，加入冰醋酸79 ml，加水稀释到1000 ml，用浓盐酸或50%的氢氧化钠调节pH至5.2。

茚三酮溶液：取150 ml二甲基亚砜（DMSO）和pH 5.2的乙酸锂溶液50 ml加入4 g水合茚三酮和0.12 g还原茚三酮搅拌至完全溶解。

四、实验步骤

（1）植物样品提取：称取1 g新鲜的植物叶片，加入液氮后用研磨棒轻轻研磨后加入5 ml磷酸缓冲液（pH 8.04），冰上提取，12 000 r/min、4℃、离心5 min

收集上清提取液，放于水解管中。

(2)水解：在水解管内加6 mol/L盐酸10～15 ml(视样品蛋白质含量而定)，含水量高的样品可加入等体积的浓盐酸，加入新蒸馏的苯酚3～4滴，再将水解管放入冷冻剂中，冷冻3～5 min，再接到真空泵的抽气管上，抽真空，然后充入高纯氮气；再抽真空充氮气，重复三次后，在充氮气状态下封口或拧紧螺丝盖将已封口的水解管放在(110±1)℃的恒温干燥箱内，水解22 h后，取出冷却。打开水解管，将水解液过滤后，用去离子水多次冲洗水解管，将水解液全部转移到50 ml容量瓶内，用去离子水定容。吸取滤液1 ml于5 ml容量瓶内，用真空干燥器在40～50℃干燥，残留物用1～2 ml水溶解，再干燥，反复进行两次，最后蒸干，用1 ml pH 2.2的缓冲液溶解，供仪器测定用。

(3)测定：准确吸取0.200 ml混合氨基酸标准溶液，用pH 2.2的缓冲液稀释到5 ml，此标准稀释浓度为5.00 nmol/50μl，作为上机测定用的氨基酸标准，用氨基酸自动分析仪以外标法测定样品测定液的氨基酸含量。

测定条件(以Beckman-6300型氨基酸自动分析仪为例)：缓冲液流量为20 ml/h；茚三酮流量为10 ml/h；柱温为50℃、60℃和70℃；色谱柱为20 cm；分析时间为42 min。

标准出峰顺序依次为：天冬氨酸、苏氨酸、丝氨酸、谷氨酸、脯氨酸、甘氨酸、丙氨酸、缬氨酸、蛋氨酸、异亮氨酸、亮氨酸、酪氨酸、苯丙氨酸、组氨酸、赖氨酸、精氨酸。

保留时间(min)分别为：5.55、6.60、7.09、8.72、9.63、12.24、13.10、16.65、19.63、21.24、22.06、24.52、25.76、30.41、32.57、40.75。

(4)计算：用下列公式计算出样品中氨基酸X的浓度(C_X)。

$$C_X(\text{nmol/g FW}) = C_{标} \times S_X \times F \times M_r \times 100/(S_{标} \times \text{FW} \times V \times 10^6) \quad (1\text{-}4)$$

式中，C_X为样品中氨基酸X的浓度(nmol/g FW)；$C_{标}$为上机标准液(50 ml)中氨基酸量(nmol)；S_X为样品峰面积；$S_{标}$为氨基酸标准峰面积；F为样品的稀释倍数；M_r为氨基酸的相对分子质量；FW为样品质量(g)；V为上机时的进样量。

五、思考题

(1)如何配制不同pH的柠檬酸钠缓冲液？

(2)如何高通量检测各种氨基酸的含量？

(3)胁迫情况下，植物叶片中氨基酸含量会发生什么变化？

实验五　植物叶片中脯氨酸含量的测定

一、实验原理

脯氨酸(proline，Pro)是一个α-氨基酸，20 个 DNA 编码的氨基酸之一，其对应密码子为 CCU、CCC、CCA 和 CCG，脯氨酸不是一种必需氨基酸，人体可以自行合成。其在 20 种合成蛋白质的氨基酸中最特别之处在于，胺氮被绑定到并非一个而是两个烷基基团上，因此使它具有仲氨，L 型较常具有 S 立体化学。脯氨酸由氨基酸的 L-谷氨酸和其中间前驱物亚氨基乙酸(“S”)-1-吡咯啉-5-羧酸甲酯(P5C)组成，典型生物合成所需要的酶包括：谷氨酸-5-激酶、谷氨酸-1-激酶、氨酸脱氢酶和吡咯啉-5-羧酸还原酶。其中谷氨酸-1-激酶是腺苷三磷酸(adenosine triphosphate，ATP)依赖性的，氨酸脱氢酶和吡咯啉-5-羧酸还原酶须具备还原型烟酰胺腺嘌呤二核苷酸即还原型辅酶I(reduced form of nicotinamide-adenine dinucleotid，NADH)或还原型烟酰胺腺嘌呤二核苷酸磷酸即还原型辅酶Ⅱ(triphosphopyridine nucleotide，NADPH)。

当植物遭受渗透胁迫，造成生理性缺水时，植物体内脯氨酸大量累积，因此植物体内的脯氨酸含量在一定程度上反映了植株体内的水分状况，可作为植株缺水的参考指标。脯氨酸的调节作用：一是维持细胞内与外界环境之间渗透压平衡，防止水分外渗；二是具有偶极性，能保护生物大分子的空间结构，稳定蛋白质特性；三是能与胞内一些化合物形成聚合物，类似水合胶体，起到渗透保护作用。因此，脯氨酸含量是衡量植物在胁迫情况下渗透调节物的一个非常重要的生理指标。

在 pH 1 ~7 时用人造沸石可以除去一些干扰的氨基酸，在酸性条件下，茚三酮与脯氨酸反应，生成红色化合物，其含量与色度成正比，可用分光光度计测定，此法有专一性。

二、实验仪器

常用玻璃容器与 EP 管，烘箱，天平，研磨器，水浴锅，冷冻离心机，移液枪(配套枪头)，紫外分光光度计等。

三、实验试剂及配制

L-脯氨酸，冰醋酸，磷酸，人造沸石，甲苯，液氮，3%(*W/V*)磺基水杨酸。

酸性茚三酮溶液：5 g 茚三酮加入 120 ml 冰醋酸和 80 ml 2 mol/L 磷酸，加热溶解，冷却后置于棕色试剂瓶中备用。

四、实验步骤

(1)标准曲线的绘制：取 2 ml 不同浓度的 L-脯氨酸于玻璃试管中，加入2 ml 冰醋酸和 2 ml 酸性茚三酮溶液，在沸水浴中加热 30 min，在沸水浴中提取约 10 min，水浴过程中经常摇动。冷却后于通风橱中加入 4 ml 甲苯，振荡后静置，取上层溶液离心，离心后的红色溶液检测 OD_{520}。以 L-脯氨酸的浓度为横坐标，以 OD_{520}为纵坐标，作出标准曲线。

(2)称取新鲜植物叶片 0.25 g，用研磨棒轻轻研磨后加入 2.5 ml 3%(*W/V*)的磺基水杨酸溶液，将提取液转移至玻璃试管中，在沸水浴中提取约 10 min，水浴过程中经常摇动并盖好盖子，冷却后过滤，即得脯氨酸提取液。

(3)取 2 ml 提取液于另一玻璃试管中，加入 2 ml 冰醋酸和 2 ml 酸性茚三酮溶液，在沸水浴中加热 30 min，在沸水浴中提取约 10 min，水浴过程中经常摇动。

(4)冷却后于通风橱中加入 4 ml 甲苯，振荡后静置，取上层溶液离心，离心后的红色溶液检测 OD_{520}。

(5)根据标准曲线，即可得出单位质量植物叶片中脯氨酸含量。

五、思考题

(1)酸性茚三酮溶液如何配制?

(2)脯氨酸在植物胁迫应答时有何作用?

(3)胁迫情况下，植物体内的脯氨酸含量会发生什么变化?

实验六　植物叶片中总黄酮含量的测定

一、实验原理

黄酮类化合物(flavonoids)是一类存在于自然界的、具有2-苯基色原酮(flavone)结构的化合物。它们分子中有一个酮式羰基，第一位上的氧原子具碱性，能与强酸成盐，其羟基衍生物多具黄色，故又称黄碱素或黄酮。黄酮类化合物在植物体中通常与糖结合成苷类，小部分以游离态(苷元)的形式存在。目前科学家从自然界植物中已辨别出的化学结构不同的类黄酮已超过4000种，具有生化活性的类黄酮参与了许多生化作用，包括有效清除自由基或中断自由基链式反应；保护脂质免遭过氧化损伤；保护和稳定体内的维生素C；促进细胞内外钙的稳定。绝大多数植物体内都含有黄酮类化合物，它在植物的生长、发育、开花、结果及抗菌防病等方面起着重要的作用。因此，黄酮类化合物含量是衡量植物在胁迫情况下的一个非常重要的生理指标。

黄酮类化合物中有药用价值的化合物很多，如原珍向天果和槐米中的芦丁、陈皮中的陈皮苷，能降低血管的脆性，以及改善血管的通透性、降低血脂和胆固醇，用于防治高血压和脑出血。其中原珍向天果是一种非常难得的植物，它同时富含人参和银杏中的重要成分：皂甙和黄酮化合物。在同一植物中同时获取这两种成分，且量的比例相当合适，这样的例子极为罕见，如今竟在同一植物体内精巧搭配，有着非常珍贵的药用价值。

黄酮类化合物多为结晶性固体，少数为无定型粉末。黄酮类化合物的颜色与分子中存在的交叉共轭体系及助色团(—OH、—CH_3)等的类型、数目及取代位置有关。一般来说，黄酮、黄酮醇及其苷类多呈灰黄至黄色，查尔酮为黄色至橙黄色，而二氢黄酮、二氢黄酮醇、异黄酮类等因不存在共轭体系或共轭很少，故不显色。花色素及其苷元的颜色，因pH的不同而变，一般呈红($pH<7$)、紫(pH 7～8.5)、蓝($pH>8.5$)等颜色。黄酮苷元一般难溶或不溶于水，易溶于甲醇、乙醇、乙酸乙酯、乙醚等有机溶剂，易溶于稀碱液。黄酮类化合物的羟基糖苷化后，水溶性相应加大，而在有机溶剂中的溶解度相应减少。黄酮苷一般易溶于水、甲醇、乙醇、乙酸乙酯、吡啶等溶剂，难溶于乙醚、三氯甲烷、苯等有机溶剂。黄酮类化合物因分子中多有酚羟基而呈酸性，故可溶于碱性水溶液、吡啶、甲酰胺及二甲基甲酰胺。有些黄酮类化合物在紫外光(254 nm 或 365 nm)下呈不同颜色的荧光，氨蒸气或碳酸钠溶液处理后荧光更为明显。多数黄酮类化合物可与铝盐、镁盐、铅盐或锆盐生成有色的络合物。

黄酮类化合物广泛分布于植物的各个器官中，大都以糖苷的形式存在，因此在提取过程中应防止植物自身的酸性引起糖苷水解，在提取时可加入少许碳酸钙以避免这种情况。提取时可根据化合物的性质来选择溶剂，醇类适用于糖苷类及含有多个羟基的化合物，如果化合物的甲基化程度高或非糖苷型，则用乙醚较合适。测定该类化合物含量的方法有比色法、吸收法、层析法和色谱法等，但比色法操作起来相对于其他方法来说更简单易行一些。

二、实验仪器

常用玻璃容器与 EP 管，烘箱，天平，研磨器，水浴锅，冷冻离心机，移液枪(配套枪头)，紫外分光光度计等。

三、实验试剂

70%(*V/V*)乙醇，液氮，乙醚，5%(*W/V*)$NaNO_2$，10%(*W/V*)$Al(NO_3)_3$，4%(*W/V*)NaOH，碳酸钙，100 μg/ml 芦丁。

四、实验步骤

(1)绘制标准曲线：将芦丁溶液用 70%(*V/V*)乙醇稀释成 0 μg/ml、5 μg/ml、10 μg/ml、15 μg/ml、20 μg/ml、25 μg/ml、30 μg/ml、35 μg/ml、40 μg/ml、45 μg/ml、50 μg/ml，各吸取 1 ml 于试管中，加 70 %(*V/V*)乙醇 1 ml，加入 0.3 ml 5%(*W/V*)$NaNO_2$，6 min 后加入 0.3 ml 10%(*W/V*)$Al(NO_3)_3$ 溶液，6 min 后再加入 2 ml 4 %(*W/V*)NaOH，10 min 后于分光光度计波长510 nm 下测定 OD 值，作出标准曲线。

(2)样品测定：称取 1 g 新鲜植物叶片及少许碳酸钙，加入液氮后用研磨棒轻轻研磨后加入 5 ml 70%(*V/V*)乙醇，冰上抽提 6～8 h，倒出提取液减压浓缩蒸去乙醇。浓缩液于分液漏斗中用相同体积的乙醚洗两三次，以除叶绿素及蜡质等，然后 70%(*V/V*)乙醇定容 5 ml，待测。吸取样品溶液 1 ml，加 70%(*V/V*)乙醇 1 ml，加入 0.3 ml 5%(*W/V*)$NaNO_2$，6 min 后加入 0.3 ml 10%(*W/V*)

$Al(NO_3)_3$溶液，6 min 后再加入 2 ml 4 %（*W/V*）NaOH，10 min 后于分光光度计波长 510 nm 下测定 OD，根据标准曲线即可算出单位质量植物叶片中总黄酮含量。

五、思考题

(1)黄酮类化合物在植物中有哪些作用?

(2)黄酮类化合物种类繁多，为什么该方法仅选芦丁为标准作比较?

(3)胁迫情况下，植物叶片中黄酮类化合物含量会发生什么变化?

实验七　植物叶片中抗坏血酸(维生素 C)含量的测定

一、实验原理

抗坏血酸又称维生素 C，是一种含有 6 个碳原子的酸性多羟基化合物，分子式为 $C_6H_8O_6$，相对分子质量为 176.1。天然存在的抗坏血酸有 L 型和 D 型两种，后者无生物活性。维生素 C 是无色无臭的片状晶体，易溶于水，不溶于有机溶剂。在酸性环境中稳定，遇空气中氧、热、光、碱性物质，特别是在氧化酶及痕量铜、铁等金属离子存在时，可促进其氧化破坏。氧化酶一般在蔬菜中含量较多，故蔬菜储存过程中维生素 C 都有不同程度流失。但在某些果实中含有的生物类黄酮，能保护其稳定性。因此维生素 C 含量是衡量植物在胁迫情况下的一个非常重要的生理指标。

维生素 C 对植物的作用：①维生素 C 是一种抗氧化剂，能帮助植物抵抗干旱、臭氧和紫外线，维生素 C 保护植物免受光合作用中有害物质的侵害；②维生素 C 能抵抗坏血病，故又称抗坏血酸，是广泛存在于新鲜水果、蔬菜及许多生物中的一种重要的维生素，作为一种高活性物质，它参与许多新陈代谢过程。近年来，在植物衰老和逆境等自由基伤害理论的研究中，维生素 C 作为生物体内对自由基伤害产生的相应保护系统成员之一，引起了人们的研究兴趣。因此对其含量的测定，可作为抗衰老及抗逆境的重要生理指标，同时对鉴别果树品质优劣、选育良种都具有重要意义。

在测定维生素 C 的国家标准方法中，荧光法为测定食物中维生素 C 含量的第一标准方法，2,4-二硝基苯肼法作为第二标准方法。样品中还原型抗坏血酸经活性炭氧化成脱氢型抗坏血酸后，与邻苯二胺反应生成具有荧光的喹喔啉，其荧光强度与脱氢抗坏血酸的浓度在一定条件下成正比，以此测定食物中抗坏血酸和脱氢抗坏血酸的总量。脱氢抗坏血酸与硼酸可形成复合物而不与邻苯二胺反应，以此排除样品中荧光杂质所产生的干扰。本方法的最小检出限为0.022 g/ml。总抗坏血酸包括还原型抗坏血酸和脱氢型抗坏血酸。样品中还原型抗坏血酸经活性炭氧化为脱氢抗坏血酸，再与2,4-二硝基苯肼作用生成红色脎，脎的含量与总抗坏血酸含量成正比，进行比色测定。

二、实验仪器

常用玻璃容器与EP管，烘箱，天平，研磨器，水浴锅，移液枪(配套枪头)，冷冻离心机，真空泵，涡旋仪，酶标板，多功能酶标仪或荧光分光光度计等。

三、实验试剂及配制

1. 荧光法

偏磷酸-乙酸液：称取15 g偏磷酸，加入40 ml冰醋酸及250 ml水，搅拌，放置过夜使之逐渐溶解，加水至500 ml。4℃冰箱可保存7～10天。

0.15 mol/L硫酸：取10 ml浓硫酸，小心加入水中，再加水稀释至1200 ml。

偏磷酸-乙酸-硫酸液：以0.15 mol/L硫酸液为稀释液，将偏磷酸-乙酸液稀释1倍。

50%(*W/V*)乙酸钠溶液：称取500 g乙酸钠，加水至1000 ml。

硼酸-乙酸钠溶液：称取3 g硼酸，溶于100 ml乙酸钠溶液中。临用前配制。

邻苯二胺溶液：称取20 mg邻苯二胺，于临用前用水稀释至100 ml。

0.04%(*W/V*)百里酚蓝指示剂溶液：称取0.1 g百里酚蓝，加0.02 mol/L氢氧化钠溶液，在玻璃研钵中研磨至溶解，氢氧化钠的用量约为10.75 ml，磨溶后用水稀释至250 ml。

活性炭。

1 mg/ml抗坏血酸标准溶液：准确称取50 mg抗坏血酸，用偏磷酸-乙酸液溶于50 ml容量瓶中，并稀释至刻度。

100 μg/ml抗坏血酸标准使用液：取10 ml抗坏血酸标准液，用偏磷酸-乙酸溶液稀释至100 ml。定容前测pH，如其pH>2.2时，则应用偏磷酸-乙酸-硫酸液稀释。

2. 2,4-二硝基苯肼法

4.5 mol/L(*W/V*)硫酸：小心地加250 ml硫酸(密度1.84 g/cm^3)于700 ml水中，冷却后用水稀释至1000 ml。

85%(*W/V*)硫酸：小心地加900 ml硫酸(密度1.84 g/cm^3)于100 ml水中。

2%（*W/V*)2,4-二硝基苯肼溶液：溶解2 g 2,4-二硝基苯肼于100 ml 4.5 mol/L硫酸中，过滤。不用时存于冰箱内，每次用前必须过滤。

2%(*W/V*)草酸溶液：溶解20 g草酸于700 ml水中，稀释至1000 ml。

1%(*W/V*)草酸溶液：稀释500 ml 2%草酸溶液至1000 ml。

1%(*W/V*)硫脲溶液：溶解5 g硫脲于500 ml 1%草酸溶液中。

2%(W/V)硫脲溶液：溶解10 g硫脲于500 ml 1%草酸溶液中。

1 mol/L盐酸：取100 ml盐酸，加入水中，并稀释至1200 ml。

1 mg/ml抗坏血酸标准溶液：溶解100 mg纯抗坏血酸于100 ml 1%草酸溶液中。

四、实验步骤

1. 荧光法

(1)样品制备：全部实验过程应避光。称取1 g鲜样，加1 ml偏磷酸-乙酸溶液，倒入打碎机内打成匀浆，用百里酚蓝指示剂调试匀浆酸碱度。如呈红色，即可用偏磷酸-乙酸溶液稀释，若呈黄色或蓝色，则用偏磷酸-乙酸-硫酸溶液稀释，使其pH为1.2。匀浆的取量需根据样品中抗坏血酸的含量而定。当样品液含量为40~100 μg/ml，一般取1 g匀浆，用偏磷酸-乙酸溶液稀释至2 ml，过滤，滤液备用。

(2)氧化处理：分别取样品滤液及标准使用液各10 ml于带盖试管中，加0.02 g活性炭，用力振摇1 min，过滤，弃去最初滤液，分别收集其余全部滤液，即样品氧化液和标准氧化液，待测定。

(3)各取0.05 ml标准氧化液于两个EP管中，分别标明标准及标准空白。

(4)各取0.05 ml样品氧化液于两个EP管中，分别标明样品及样品空白。

(5)于标准空白及样品空白溶液中各加0.05 ml硼酸-乙酸钠溶液，混合摇动

15 min，用水稀释至0.5 ml，在4℃冰箱中放置2 h，取出备用。

(6)于样品及标准溶液中各加入0.05 ml 50%(*W/V*)乙酸钠溶液，用水稀释至0.5 ml，备用。

(7)荧光反应：取标准空白溶液、样品空白溶液及样品溶液各0.02 ml，分别置于EP管中。在暗室中迅速向各管中加入0.05 ml邻苯二胺，振摇混合，在室温下反应35 min，用激发光波长338 nm、发射光波长420 nm测定荧光强度。标准系列荧光强度分别减去标准空白荧光强度为纵坐标，对应的抗坏血酸含量为横坐标，绘制标准曲线或进行相关计算，其直线回归方程供计算时使用。

(8)计算：用下列公式计算出样品中抗坏血酸的浓度(X)。

$$X(\text{mg/g FW}) = (C \times V/\text{FW}) \times F \times (100/1000) \qquad (1\text{-}5)$$

式中，X为样品中抗坏血酸的浓度(mg/g FW)；C为由标准曲线查得或由回归方程算得样品溶液浓度(μg/ml)；FW为试样质量(g)；F为样品溶液的稀释倍数；V为荧光反应所用试样体积(ml)。

2. 2,4-二硝基苯肼法

(1)标准曲线绘制：加1 g活性炭于50 ml标准溶液中，摇动1 min，过滤。取10 ml滤液放入500 ml容量瓶中，加5.0 g硫脲，用1%(*W/V*)草酸溶液稀释至刻度。抗坏血酸浓度为20 μg/ml。取5 ml、10 ml、20 ml、25 ml、40 ml、50 ml、60 ml稀释液，分别放入7个100 ml容量瓶中，用1%硫脲溶液稀释至刻度，使最后稀释液中抗坏血酸的浓度分别为1 μg/ml、2 μg/ml、4 μg/ml、5 μg/ml、8 μg/ml、10 μg/ml、12 μg/ml。按样品测定步骤形成脎并于500 nm波长测吸光度，进而作出标准曲线。

(2)鲜样制备：称1 g鲜样，研磨成匀浆倒入5 ml 2%(*W/V*)草酸溶液，混匀。不易过滤的样品可用离心机沉淀后，倾出上清液，过滤，备用。

(3)氧化处理：取5 ml上述滤液，加入0.5 g活性炭，振摇1 min，过滤，弃去最初滤液。取5 ml此氧化提取液，加入5 ml 2%硫脲溶液，混匀。

(4)呈色反应：于三个试管中各加入2 ml稀释液。一个试管作为空白，在其余试管中加入0.5 ml 2% (*W/V*)2,4-二硝基苯肼溶液，将所有试管放入(37±0.5)℃恒温箱或水浴中，保温3 h。3 h后取出，除空白管外，将所有试管放入冰水中。空白管取出后使其冷却至室温，然后加入0.5 ml 2% (*W/V*)2,4-二硝基苯肼溶液，在室温中放置10～15 min后放入冰水内。其余步骤同样品。当试管放入冰水后，向每一试管中加入 2.5 ml 85%（*W/V*）硫酸，滴加时间至少需要1 min，需边加边摇动试管。将试管自冰水中取出，在室温放置 30 min 后于500 nm波长测吸光度。

（5）计算：用下列公式计算出样品中抗坏血酸的浓度（*Y*）。

$$Y(\mathrm{mg/g\ FW}) = (C \times V/\mathrm{FW}) \times F \times (100/1000) \qquad (1\text{-}6)$$

式中，*Y* 为样品中抗坏血酸的浓度（mg/g FW）；*C* 为由标准曲线查得或由回归方程算得样品溶液浓度（μg/ml）；FW 为试样质量（g）；*F* 为样品溶液的稀释倍数；*V* 为反应所用试样体积（ml）。

五、思考题

（1）抗坏血酸或维生素 C 有何作用？

（2）抗坏血酸或维生素 C 的测定有哪些方法？

（3）比较各种测定方法的操作和测量结果的优缺点？

（4）胁迫情况下，植物叶片中的抗坏血酸或维生素 C 含量会发生什么变化？

实验八　植物叶片中硫胺素（维生素 B_1）的测定

一、实验原理

维生素 B_1 又称硫胺素或抗神经炎维生素或抗脚气病维生素，在有氧化剂存在时容易被氧化产生脱氢硫胺素，后者在有紫外光照射时呈现蓝色荧光。由嘧啶环和噻唑环通过亚甲基结合而成的一种 B 族维生素。维生素 B_1 为白色结晶或结晶性粉末；有微弱的特臭，味苦，有引湿性，露置在空气中，易吸收水分。在碱性溶液中容易分解变质。pH 为 3.5 时可耐 100℃高温，pH 大于 5 时易失效。遇光和热后效价下降，故应置于遮光，阴凉处保存，不宜久贮。在酸性溶液中很稳定，在碱性溶液中不稳定，易被氧化和受热破坏。还原性物质亚硫酸盐、二氧化硫等能使维生素 B_1 失活。

硫胺素在碱性铁溶液中被氧化成噻嘧色素，在紫外线下，噻嘧色素发出荧光。在给定的条件下，以及没有其他荧光物质干扰时，此荧光的强度与噻嘧色素量成正比，即与溶液中硫胺素量成正比。如样品中含杂质过多，应经过离子交换剂处理，使硫胺素与杂质分离，然后以所得溶液作测定。本方法适用于各类食物中硫胺素的测定，但不适用于有吸附硫胺素能力的物质和含有影响噻嘧色素荧光物质的样品。本方法的最小检出限为0.05 μg/ml。

二、实验仪器

常用玻璃容器与EP管，烘箱，天平，研磨器，水浴锅，冷冻离心机，移液枪(配套枪头)，高压灭菌锅，酶标板，多功能酶标仪或荧光分光光度计等。

三、实验试剂及配制

正丁醇，无水硫酸钠，淀粉酶，蛋白酶。

0.1 mol/L盐酸：8.5 ml浓盐酸(密度1.19 g/cm^{3}或1.20 g/cm^3)用水稀释至1 L。

0.3 mol/L盐酸：25.5 ml浓盐酸用水稀释至1 L。

2 mol/L乙酸钠溶液：164 g无水乙酸钠溶于水中稀释至1 L。

25%(*W/V*)氯化钾溶液：250 g氯化钾溶于水中稀释至1 L。

25%(*W/V*)酸性氯化钾溶液：8.5 ml浓盐酸用25%(*W/V*)氯化钾溶液稀释至1 L。

15%(*W/V*)氢氧化钠溶液：15 g氢氧化钠溶于水中稀释至100 ml。

1%(*W/V*)铁盐溶液：1 g铁盐溶于水中稀释至100 ml，放于棕色瓶内保存。

碱性铁氰化钾溶液：取4 ml 1%(*W/V*)铁溶液，用15%(*W/V*)氢氧化钠溶液稀释至60 ml。用时现配，避光使用。

3%(*V/V*)乙酸溶液：30 ml冰醋酸用水稀释至1 L。

活性人造沸石：称取200 g 40～60目的人造沸石，以10倍于其容积的3%(*V/V*)热乙酸溶液搅洗两次，每次10 min；再用5倍于其容积的25%热氯化钾溶液搅洗15 min；然后再用3%(*V/V*)热乙酸溶液搅洗10 min；最后用热蒸馏水洗至没有氯离子，于蒸馏水中保存。

0.04%(*W/V*)溴甲酚绿溶液：称取0.1 g溴甲酚绿，置于小研钵中，加入1.4 ml 0.1 mol/L氢氧化钠研磨片刻，再加入少许水继续研磨至完全溶解，用水稀释至250 ml。

0.1 mg/ml硫胺素标准储备液：准确称取100 mg经氯化钙干燥24 h的硫胺素，溶于0.01 mol/L盐酸中，并稀释至1 L。于4℃冰箱中避光保存。

10 μg/ml 硫胺素标准中间液：将硫胺素标准贮备液用 0.01 mol/L 盐酸稀释 10 倍，于冰箱中避光保存。

0.1 μg/ml 硫胺素标准工作液：将硫胺素标准中间液用水稀释 100 倍，用时现配。

四、实验步骤

(1)样品提取：称 1 g 鲜样，研磨成匀浆倒入 5 ml 0.1 mol/L 或 0.3 mol/L 盐酸，放入高压锅中加热水解 121℃ 30 min，凉后取出。用 2 mol/L 乙酸钠调其 pH 为 4.5 [以 0.04%(*W/V*)溴甲酚绿为外指示剂]。按每克样品加入 20 mg 淀粉酶和 40 mg 蛋白酶的比例加入淀粉酶和蛋白酶。于 45 ~ 50℃ 温箱过夜保温(约 16 h)。凉至室温，定容至 100 ml，然后混匀过滤，即为提取液。

(2)样品净化：用少许脱脂棉铺于盐基交换管的交换柱底部，加水将棉纤维中气泡排出，再加约 1 g 活性人造沸石使之达到交换柱的 1/3 高度。保持盐基交换管中液面始终高于活性人造沸石。用移液管加入提取液 20 ~ 60 ml(使通过活性人造沸石的硫胺素总量为 2 ~ 5 μg)。加入约 10 ml 热蒸馏水冲洗交换柱，弃去洗液。如此重复三次。加入 25% 酸性氯化钾(温度为 90℃ 左右)20 ml，收集此液于 25 ml 刻度试管内，凉至室温，用 25% 酸性氯化钾定容至 25 ml，即为样品净化液。重复上述操作，将 20 ml 硫胺素标准使用液加入盐基交换管以代替样品提取液，即得到标准净化液。

(3)样品氧化：将 5 ml 样品净化液分别加入 A、B 两个反应瓶。在避光条件下将 3 ml 15%(*W/V*)氢氧化钠加入反应瓶 A，将 3 ml 碱性铁氰化钾溶液加入反应瓶 B，振摇约 15 s，然后加入 10 ml 正丁醇；将 A、B 两个反应瓶同时用力振摇 1.5 min。重复上述操作，用标准净化液代替样品净化液。静置分层后吸去下层碱性溶液，加入 2 ~ 3 g 无水硫酸钠使溶液脱水。

(4)样品测定：以激发波长 365 nm；发射波长 435 nm；激发波狭缝 5 nm；发射波狭缝 5 nm。依次测定下列荧光强度：包括样品空白荧光强度(样品反应瓶 A)；标准空白荧光强度(标准反应瓶 A)；样品荧光强度(样品反应瓶 B)；标准荧光强度(标准反应瓶 B)。

(5)计算：用下列公式计算出样品中硫胺素的含量(X)。

$$X(\text{mg/g FW}) = (U - U_b) \times C \times V \times V_1 \times 1 \times 5/[(S - S_b) \times V_2 \times \text{FW} \times 1000] \tag{1-7}$$

式中，X 为样品中硫胺素的含量(mg/g FW)；U 为样品荧光强度；U_b 为样品空白荧光强度；S 为标准荧光强度；S_b 为标准空白荧光强度；C 为硫胺素标准工作液浓度(μg/ml)；V 为用于净化的硫胺素标准工作液体积(ml)；V_1 为样品水解后定容的体积(ml)；V_2 为样品用于净化的提取液体积(ml)；FW 为样品质量(g)。

五、思考题

(1)反应体系中硫胺素为什么不能加太多？

(2)哪一步操作是反应中的关键？

(3)胁迫情况下，植物叶片中的硫胺素含量会发生什么变化？

实验九　植物叶片中核黄素(维生素 B_2)的测定

一、实验原理

维生素 B_2(化学式为 $C_{17}H_{20}N_4O_6$，相对分子质量为 376.37)又称核黄素，微溶于水，在中性或酸性溶液中加热是稳定的。它是体内黄酶类辅基的组成部分(黄酶在生物氧化还原中发挥递氢作用)。主要参与的生化反应有呼吸链能量产生，氨基酸、脂类氧化，嘌呤碱转化为尿酸，芳香族化合物的羟化，蛋白质与某些激素的合成，铁的转运、储存及动员，参与叶酸、吡多醛、烟酸的代谢等。其功能主要是：①参与体内生物氧化与能量代谢，与碳水化合物、蛋白质、核酸和脂肪的代谢有关；②参与维生素 B_6 和烟酸的代谢，是 B 族维生素协调作用的一个典范，黄素腺嘌呤二核苷酸(flavin adenine dinucleotide，FAD)和黄素单核苷酸(flavin mononucleotide，FMN)作为辅基参与色氨酸转化为烟酸，维生素 B_6 转化为磷酸吡哆醛的过程；③与铁的吸收、储存和转运有关；④还具有抗氧化活性，可能与黄素酶-谷胱甘肽还原酶有关。因此，维生素 B_2 含量是衡量植物在胁迫情况下的一个非常重要的生理指标。

核黄素在 440 ~ 500 nm 波长光照射下发生黄绿色荧光。在稀溶液中其荧光强度与核黄素的浓度成正比。利用硅镁吸附剂对核黄素的吸附作用去除样品中的干扰荧光测定的杂质，然后洗脱核黄素，测定其荧光强度。试液再加入低亚硫酸钠($Na_2S_2O_4$)，将核黄素还原为无荧光的物质，再测定溶液中残余荧光杂质的荧光强度，两者之差即为食品中核黄素所产生的荧光强度。

二、实验仪器

常用玻璃容器与 EP 管，烘箱，天平，研磨器，水浴锅，冷冻离心机，移液枪(配套枪头)，高压灭菌锅，核黄素吸附柱，酶标板，多功能酶标仪或荧光分光光度计等。

三、实验试剂及配制

硅镁吸附剂(60～100 目)，液氮，2.5 mol/L 无水乙酸钠溶液，0.1 mol/L 盐酸，1 mol/L 氢氧化钠，0.1 mol/L 氢氧化钠，0.04%(*W/V*)溴甲酚绿指示剂，3%(*W/V*)高锰酸钾溶液，3%(*W/V*)过氧化氢溶液。

10%(*W/V*)木瓜蛋白酶：用 2.5 mol/L 乙酸钠溶液配制。使用时现配制。

10%(*W*/V)淀粉酶：用 2.5 mol/L 乙酸钠溶液配制。使用时现配制。

20%(*W/V*)低亚硫酸钠溶液：此液用时现配。

洗脱液：按丙酮∶冰醋酸∶水(*V/V/V*)=5∶2∶9 进行配制。

核黄素标准储备液(25 μg/ml)：将标准品核黄素粉状结晶置于真空干燥器或盛有硫酸的干燥器中。经过 24 h 后，准确称取 50 mg，置于 2 L 容量瓶中，加入 2.4 ml 冰醋酸和 1.5 ml 水。将容量瓶置于温水中摇动，待其溶解，冷却至室温，稀释至 2 L，移至棕色瓶中，加少许甲苯覆盖于溶液表面，于 4℃冰箱中保存。

核黄素标准使用液：吸取 2.00 ml 核黄素标准储备液，置于 50 ml 棕色容量瓶中，用水稀释至刻度。避光，贮于 4℃冰箱，可保存一周。此溶液 1 ml 相当于 1.00 μg 核黄素。

四、实验步骤

(1)样品提取与水解：称 1 g 鲜样，研磨成匀浆倒入 5 ml 0.1 mol/L 盐酸，搅拌混匀，于 121℃高压水解样品 30 min。水解液冷却后，滴加 1 mol/L 氢氧化钠，用 0.04% 溴甲酚绿作外指示剂调至 pH 为 4.5。

(2)样品的酶解：加入 3 ml 10%(*W/V*)淀粉酶溶液或 3 ml 10%(*W/V*)木瓜蛋白酶溶液，于 37℃酶解 16 h。上述酶解液定容至 5 ml，用干滤纸过滤。此提取液在 4℃冰箱中可保存一周。

(3)氧化去杂质：视样品中核黄素的含量取一定体积的样品提取液及核黄素标准使用液(含1～10 μg核黄素)分别于20 ml的带盖刻度试管中，加水至15 ml。各管加0.5 ml冰醋酸，混匀。加3%(*W/V*)高锰酸钾溶液0.5 ml，混匀，放置2 min，使氧化去杂质。滴加3%(*W/V*)双氧水溶液数滴，直至高锰酸钾的颜色褪掉。剧烈振摇此管，使多余的氧气逸出。

(4)核黄素的吸附和洗脱。

核黄素吸附柱：硅镁吸附剂约1 g用湿法装入柱，占柱长1/2～2/3(约5 cm)为宜(吸附柱下端用一团脱脂棉垫上)，勿使柱内产生气泡，调节流速约为60滴/min。

过柱与洗脱：将全部氧化后的样液及标准液通过吸附柱后，用约20 ml热水洗去样液中的杂质。然后用5 ml洗脱液将样品中核黄素洗脱并收集于一带盖10 ml刻度试管中，再用水洗吸附柱，收集洗出液体并定容至10 ml，混匀后待测荧光。

(5)样品的测定：于激发光波长440 nm，发射光波长525 nm测量样品管及标准管的荧光值。待样品及标准的荧光值测量后，在各管的剩余液(5～7 ml)中加0.1 ml 20%(*W/V*)低亚硫酸钠溶液，立即混匀，在20 s内测出各管的荧光值，作为各自的空白值。

(6)用下列公式计算出样品中核黄素的含量(X)。

$$X(\text{mg/g FW}) = (A - B) \times S \times F \times 5/[(C - D) \times \text{FW} \times 1000] \quad (1\text{-}8)$$

式中，X为样品中核黄素的含量(mg/g FW)；A为样品管荧光值；B为样品管空白荧光值；C为标准管荧光值；D为标准管空白荧光值；F为样品稀释倍数；FW为样品的质量(g)；S为标准管中的核黄素含量(μg)。

五、思考题

(1)植物中维生素B_2(核黄素)有什么作用？

(2)植物组织中维生素B_2(核黄素)如何测定？

(3)氧化去杂质，为什么加入高锰酸钾的量不宜过多？

实验十　植物叶片中维生素 B_6 的测定

一、实验原理

维生素 B_6 又称吡哆素，其包括吡哆醇、吡哆醛及吡哆胺，在体内以磷酸酯的形式存在，是一种水溶性维生素，遇光或碱易破坏，不耐高温。主要以磷酸吡多醛(pyridoxal 5-phosphatemonohydrate，PLP)形式参与近百种酶反应。维生素 B_6 的功能多数与氨基酸代谢有关，包括转氨基、脱羧、侧链裂解、脱水及转硫化作用。其生化功能主要是：①参与蛋白质合成与分解代谢，参与所有氨基酸代谢，与色氨酸合成烟酸有关；②参与糖异生代谢，参与糖原、神经鞘磷脂和类固醇的代谢；③维生素 B_6 与一碳单位、维生素 B_{12} 和叶酸盐的代谢有关；④参与核酸和 DNA 的合成，缺乏会损害 DNA 的合成，这个过程对维持适宜的免疫功能是非常重要的；⑤维生素 B_6 与维生素 B_2 的关系十分密切，维生素 B_6 缺乏常伴有维生素 B_2 症状；⑥参与同型半胱氨酸向蛋氨酸的转化。因此，维生素 B_6 的含量是衡量植物在胁迫情况下的一个非常重要的生理指标。

维生素 B_6 在酸性介质中对热比较稳定，但在碱性介质中对热不稳定。测量维生素 B_6 比较经典的方法是微生物法，它的优点是：特异性高、精密度好、操作简单(不需要特殊设备，易于推广，样品不需要进行一系列的提纯步骤)、准确度高。它的缺点是：耗时长、必须经常保存菌种、试剂较贵。

二、实验仪器

常用玻璃容器与 EP 管，烘箱，天平，研磨器，水浴锅，冷冻离心机，移液枪(配套枪头)，高压灭菌锅，酶标板，多功能酶标仪或紫外分光光度计等。

三、实验试剂及配制

0.22 mol/L 硫酸：于 2000 ml 烧杯中加入 700 ml 水，加入 12.32 ml 浓硫酸，用水稀释至 1000 ml。

0.5 mol/L 硫酸：于 2000 ml 烧杯中加入 700 ml 水，加入 28 ml 浓硫酸，用水稀释至 1000 ml。

10 mol/L 氢氧化钠：溶 200 g NaOH 于水中，稀释至 500 ml。

0.1 mol/L 氢氧化钠：取 10 ml 10 mol/L NaOH，用水稀释至 1000 ml。

0.04%（*W/V*）溴甲酚绿溶液：称取 0.1 g 溴甲酚绿于研钵中，加 1.4 ml 0.1 mol/L NaOH 研磨，加少许水继续研磨，直至完全溶解，用水稀释到 250 ml。

吡哆醇 Y 培养基：称取吡哆醇 Y 培养基 5.3 g，溶解于 100 ml 蒸馏水中。

100 μg/ml 吡哆醇标准储备液：称取 122 mg 吡哆醇标准品溶于 1 L 25%（*V/V*）乙醇中，保存于 4℃ 冰箱中，稳定 1 个月。

1 μg/ml 吡哆醇标准中间液：取 1 ml 吡哆醇标准储备液，稀释至 100 ml。

琼脂吡哆醇 Y 培养基：吡哆醇 Y 培养基 5.3 g，琼脂 1.2 g，稀释至 100 ml。

1.5 mol/L 生理盐水：取 9 g NaCl 溶于 1000 ml 水中。

四、实验步骤

（1）储备菌种的制备与保存：以卡尔斯伯酵母菌（*Saccharomyces carlsbergensis*，SC）纯菌种接入两个或多个琼脂培养基管中，在（30±0.5）℃恒温箱中培养 18～20 h，取出后置于冰箱中保存，至多不超过两周。保存两周以上的菌种，不能立即用作制备接种用的种子液，一定要在使用前每天移种一次，连续 2～3 天，方可使用，否则生长不好。

（2）种子培养液的制备：加 0.5 ml 50 ng/ml 的维生素 B_6 标准应用液于尖管中，加入 5 ml 基本培养基，塞好棉塞，于高压灭菌锅（121℃，0.5 MPa）消毒 10 min，取出，置于冰箱中，此管可保留数周之久。

（3）样品制备：称 1 g 鲜样，研磨成匀浆倒入 5 ml 0.22 mol/L H_2SO_4。放入高压灭菌锅 121℃ 下水解 5 h，取出，于水中冷却，用 10 mol/L NaOH 和 0.5 mol/L H_2SO_4 调 pH 至 4.5，用溴甲酚绿作指示剂（指示剂由黄变为黄绿色），用蒸馏水定容至 5 ml，滤纸过滤，保存滤液即样液于冰箱内备测定（保存期不超过 36 h）。

（4）接种液的制备：使用前一天，将卡尔斯伯酵母菌菌种由储备菌种管移种于已灭菌的种子培养液中，可同时接种两管，在（30±0.5）℃的恒温箱中培养 18～20 h。3000 r/min、离心 10 min 后取出并倾去上部液体，用已消毒的生理盐水淋洗两次，再加 10 ml 消毒过的生理盐水，将离心管置于液体快速混合器上混合，使菌种成为混悬体，将此液倒入已灭菌的注射器内，立即使用。

（5）样品标准曲线的测定：取标准储备液 2 ml 稀释至 200 ml 成为中间液，从中间液中取 5 ml 稀释至 100 ml 作为工作液，浓度为 50 ng/ml，三组试管各加

0 ml、0.02 ml、0.04 ml、0.08 ml、0.12 ml 和 0.16 ml 工作液，再加 5 ml 吡哆醇 Y 培养基，混匀，加棉塞。

(6)试样的测定：在试管中分别加入 0.05 ml、0.10 ml、0.20 ml 样液，再加入 5 ml 吡哆醇 Y 培养基，用棉塞塞住试管，将制备好的标准曲线和试样测定管放入高压灭菌锅于 121℃高压灭菌 10 min，冷却至室温备用。

(7)接种和培养：每管接种一滴接种液，于(30±0.5)℃恒温箱中培养 18 ~ 22 h。

(8)测定：从恒温箱中取出后，用多功能酶标仪或紫外分光光度计测量，用空白管调零。550 nm 波长下，测定各管的吸光度，作出标准曲线。

(9)用下列公式计算出样品中吡哆醇的含量(X)。

$$X(\text{g/g FW}) = (X_1/V_1 + X_2/V_2 + X_3/V_3) \times V \times 10^2/(\text{FW} \times 10^6 \times 3) \quad (1\text{-}9)$$

式中，X 为样品中吡哆醇的含量(g/g FW)；X_1 为根据测定管 1 在 550 nm 波长下的吸光值和标准曲线求出的测定管 1 中吡哆醇的含量(ng/ml)；X_2 为根据测定管 2 在 550 nm 波长下的吸光值和标准曲线求出的测定管 2 中吡哆醇的含量(ng/ml)；X_3 为根据测定管 3 在 550 nm 波长下的吸光值和标准曲线求出的测定管 3 中吡哆醇的含量(ng/ml)；V_1 为测定管 1 的取液量(ml)；V_2 为测定管 2 的取液量(ml)；V_3 为测定管 3 的取液量(ml)；FW 为样品的鲜重(g)；V 为样品的取液量(ml)。

五、思考题

(1)卡尔斯伯酵母菌如何接种和活化？

(2)为什么本实验所有操作要避光进行？

(3)植物的维生素 B_6 有哪些作用？

(4)胁迫情况下，植物叶片中的维生素 B_6 含量会发生什么变化？

第二部分　植物的第二信使与部分元素

植物感受外界逆境信号，通过一系列传递后激发转录因子即反式作用因子，反式作用因子与顺式作用因子元件结合后，启动基因的表达，最后通过基因产物的作用在生理生化等方面作出合适的调节反应，以维持其稳定生长。其基本过程如下：①植物通过信号受体感知外界胁迫刺激并将这一胁迫信号传递到下游信号途径；②第二信使，即细胞表面受体接受细胞外信号后转换而来的细胞内信号，并通过激活相关蛋白激酶，从而诱导一系列蛋白质的磷酸化，如磷酸化信号转导下游的转录因子；③转录因子在植物对逆境的应答过程中起着重要的调控作用，通过它可以精细地调控下游功能基因适时适量地表达；④在胁迫条件下，通过一系列信号级联反应，最终会激活胁迫应答基因的表达。它们的表达产物有的能直接增强作物的抗逆性，有的能调节下游基因的表达和信号的传导。

一般将细胞外的信号称为第一信使，如激素和外界刺激等。第二信使则是细胞表面受体接受细胞外信号后转换而来的细胞内信号。第二信使会使信息增强，它一般是细胞质中的一些小分子或者离子，在细胞内有多种重要的第二信使，如环磷腺苷（cyclic adenosine monophosphate，cAMP）、环磷鸟苷（cyclic guanosinc monophosphate，cGMP）、脱落酸（abscisic acid，ABA）、1,2-二酰甘油（diacylglycerol，DAG）、1,4,5-三磷酸肌醇（inosositol 1,4,5-trisphosphate，IP_3）、Ca^{2+}和活性氧（reactive oxygen species，ROS）。它们可以接受由细胞表面传感器传递的信号，并通过激活相关蛋白激酶，从而诱导一系列蛋白质的磷酸化，最终引起细胞效应。另外，它也可以和蛋白质直接作用。相对于其他第二信使，Ca^{2+}更广泛地参与了植物激素应答、胁迫信号途径和一系列的生长发育事件，因此，有关Ca^{2+}及其下游信号级联反应在植物中有很深入的研究。Ca^{2+}可以灵敏地感应细胞外的环境信号与内源的激素信号等多种刺激，如植物激素、病原菌的侵染、环境胁迫（如高盐、干旱和极端的温度等），这些外界信号刺激都可以使细胞内Ca^{2+}水平发生变化。Ca^{2+}对信号的传递首先是其浓度的改变，Ca^{2+}浓度的变化可以传递、放大环境刺激信号。

植物正常生长发育所需要的营养元素有必需元素和有益元素之分。必需元素指植物正常生长发育所必需而不能用其他元素代替的植物营养元素。根据植物需要量的多少，必需元素又分为必需大量元素和必需微量元素。必需大量元素有碳(C)、氢(H)、氧(O)、氮(N)、磷(P)、钾(K)、镁(Mg)、硫(S)、钙(Ca)、硅(Si)；必需微量元素有铁(Fe)、锰(Mn)、锌(Zn)、铜(Cu)、硼(B)、钼(Mo)、钠(Na)、镍(Ni)、氯(Cl)。大量元素与微量元素虽在需要量上有多少之别，但对植物的生命活动都具有重要作用，都是不可缺少的。必需元素的生理功能可概括为：构成植物体内有机结构的组成成分，参与酶促反应或能量代谢及生理调节。例如，纤维素、单糖和多糖中含有碳、氢、氧；蛋白质中含有碳、氢、氧、氮、磷、硫；某些酶中含有铁或锌；Mg^{2+}和K^{+}是两种不同酶的活化剂；K^{+}和Cl^{+}对渗透调节具有重要作用。有益元素是指一些植物正常生长发育所必需而不是所有植物必需的元素。例如，钴是豆科植物固氮及根瘤生长所必需的。各种营养元素如氮、磷、钾及金属元素在植物的生长发育及胁迫应答中不可或缺，因此研究它们在植物体内的含量也是十分必要的。

本部分共包括 8 个实验，即实验十一 酶联免疫法测定植物叶片中的脱落酸；实验十二 植物叶片中脂肪酸成分的测定；实验十三 植物叶片和根中一氧化氮含量的测定；实验十四 植物叶片中钙的测定(EDTA 法)；实验十五 植物叶片中硝态氮的测定；实验十六 植物叶片中亚硝酸盐的测定；实验十七 植物叶片中磷的测定；实验十八 原子吸收分光光度法测定植物叶片中钾、钠、铁、铜、镉、钙、锰、镁、锌的含量。

实验十一　酶联免疫法测定植物叶片中的脱落酸

一、实验原理

脱落酸(abscisic acid，ABA)，是一种具有倍半萜结构的植物激素。1963 年，美国艾迪科特等从棉铃中提纯了一种物质能显著促进棉苗外植体叶柄脱落，称为脱落素Ⅱ。英国韦尔林等也从短日照条件下的槭树叶片中提纯了一种物质，能控制落叶树木的休眠，称为休眠素。1965 年证实，脱落素Ⅱ和休眠素为同一种物质，统一命名为脱落酸。脱落酸是一个 15 碳的倍半萜烯化合物。天然存在的脱落酸是一个对称结构体，特别是右旋化合物 (*S*)-脱落酸。(*R*)-

脱落酸的生理活性在多数情况下与(S)-脱落酸相同。其生理活性取决于以下条件：有自由羧基；环己烷环上在α-或β-位置有双键；C-2处的双键是顺式。2-反式脱落酸在光中异构化后才有活性。酯类化合物在酯链水解后产生的自由酸也有活性。

脱落酸分子式为$C_{15}H_{20}O_4$，相对分子质量为264.32，为白色结晶粉末，易溶于甲醇、乙醇、丙酮、氯仿、乙酸乙酯与三氯甲烷等，难溶于醚、苯等，水溶解度3~5 g/L(20℃)。脱落酸的稳定性较好，常温下放置两年，有效成分含量基本不变，但应在干燥、阴凉、避光处密封保存。脱落酸水溶液对光敏感，属强光分解化合物。

脱落酸生物合成途径主要有两条：①类萜途径(terpenoid pathway)，脱落酸是由甲瓦龙酸经过焦磷酸法尼酯(farnesylpyrophosphate，FPP)，再经过一些未明的过程而形成。此途径也称为C_{15}直接途径；②类胡萝卜素途径(carotenoid pathway)，脱落酸的碳骨架与一些类胡萝卜素的末端部分相似，将类胡萝卜素暴露在光下，会产生生长抑制物——顺式黄质醛，在一些植物的枝叶中也检出这种物质，黄质醛迅速代谢成为脱落酸。近几年发现，除了紫黄质外，其他类胡萝卜素(如新黄质、叶黄素等)都可光解或在脂氧合酶作用下，转变为黄质醛，最终形成脱落酸。由类胡萝卜素氧化分解生成脱落酸的途径称为脱落酸合成的间接途径。通常认为在高等植物中，主要以间接途径合成脱落酸。直接途径是指从C_{15}化合物直接合成脱落酸的过程。间接途径则是指从C_{40}化合物经氧化分解生成脱落酸的过程。

脱落酸参与了多个植物生长发育过程，如抑制种子萌发、促进休眠、抑制生长、促进叶片衰老脱落等。越来越多的研究表明：脱落酸最主要的功能是其作为胁迫激素参与了植物对外界胁迫条件的适应。脱落酸是平衡植物内源激素和有关生长活性物质代谢的关键因子，具有促进植物平衡吸收水、肥和协调体内代谢的能力，可有效调控植物的根冠和营养生长与生殖生长，对提高农作物的品质、产量具有重要作用。通过施用脱落酸，可减少化学农药的施用量，在提高农产品品质等许多方面有着重要的生理活性作用和应用价值。除此之外，外源脱落酸能引起叶片气孔的迅速关闭，抑制蒸腾作用，可用于花的保鲜，或在作物幼苗移植栽培的运输过程中防止萎蔫；脱落酸还能控制花芽分化、调节花期，在花卉园艺上有很大的应用价值。脱落酸属纯天然的植物生长调节剂，脱落酸原药及其复合实用制剂可广泛应用于水稻、蔬菜、花卉、草坪、棉花、中草药、果树等作物，提高作物在低温、干旱、春寒、盐渍、病虫害等不良生长环境中的生长素质及其结实率和品质，提高中低产田的单产产量，减少化学农药用量。脱落酸可广泛应用于城市草坪、园林等绿化建设，西部地区的节水农业、设施农业，生态植被的恢复重建等，对于发展中国农业产业化意义重大。因此，其经济效益、社会效益、环境效益十分显著。脱落酸实用制剂的应用市场打开后，生产企业所产生的直接经济效益数以亿计；其应用于大棚蔬菜生产，挽回由于寒害和病虫害所造成的损失，以及由于蔬菜品质的提高、农药残留量降低所带来的国内外市场竞争力提高，所形成的间接效益，以及为水稻制种业带来的间接经济效益也将数以亿计。

脱落酸的合成受多种胁迫反应的诱导，在胁迫条件下，脱落酸调控气孔关闭和基因表达以使植物能够更好地适应逆境。因此脱落酸含量是衡量植物在胁迫情况下的一个非常重要的生理指标。一方面，各种胁迫反应可以诱导脱落酸的大量合成以调控下游基因的表达，以使植物能够更好地适应逆境。在这些被诱导表达的基因中，有脯氨酸合成的关键基因以提高渗透保护分子的含量；也有直接或间接保护植物免受胁迫伤害的一些环境效应分子；还有一系列转录因子参与胁迫反应的信号转导途径的应答。另一方面，脱落酸还可以参与植物气孔开关的调节，脱落酸通过过氧化氢与一氧化氮可以诱导气孔的关闭，从而可以减少植物水分的蒸发，以提高植物对逆境胁迫的应答。

酶联免疫法检测抗原或抗体上酶标记物的活性，进行定性或定量测定。常用的酶有辣根过氧化物酶和碱性磷酸酯酶。酶可直接标记激素分子，也可标记第二抗体，成为酶标二抗。这两类标记物分别用于固相抗体型和固相抗原型酶联免疫法。本实验使用固相抗体型酶联免疫法测定脱落酸含量。将抗体与脱落酸结合，加入脱落酸甲酯标准品或待测样品，使其与固相化的单克隆抗体结合，再加入辣根过氧化物酶标记脱落酸。通过测定酶标脱落酸的被结合量，换算出样品中未知的脱落酸含量。

二、实验仪器

常用玻璃容器与 EP 管，烘箱，天平，研磨器，水浴锅，冷冻离心机，真空泵，涡旋仪，移液枪(配套枪头)，酶标板，多功能酶标仪等。

三、实验试剂及配制

50 mmol/L 磷酸缓冲液(pH 7.8)：内含 1%(*W/V*)聚乙烯吡咯烷酮(insoluble

polyvinylpyrrolidone，PVP），临用前加。

脱落酸标准液，液氮，甲醇，乙酸乙酯，兔抗鼠 Ig 抗体，抗脱落酸甲酯的单克隆抗体，辣根过氧化物酶稀释缓冲液，邻苯二胺基质液，3 mol/L H_2SO_4。

四、实验步骤

(1)脱落酸提取：称取新鲜植物材料 200～500 mg，用研磨器研磨后将匀浆液转入试管中，再用2 ml 甲醇将研钵冲洗干净。5000 r/min离心 10 min，残渣加 0.5 ml 甲醇，再离心 1 次，合并上清液，记录体积，残渣弃去。

(2)脱落酸纯化：取 300 μl 上清液转入 5 ml 塑料离心管中，用氮气吹干，用 200 μl 0.1 mol/L Na_2HPO_4(pH 9.2)洗涤 3 次，去乙酸乙酯相，调水相 pH 至 2.5，用 200 μl 乙酸乙酯萃取 3 次，合并乙酸乙酯相，用氮气吹干。

(3)脱落酸的甲酯化：上述氮气吹干的样品用 200 μl 甲醇溶液溶解，加入过量的重氮甲烷至样品呈黄色，10 min 后加入半滴 0.2 mol/L 乙酸甲醇破坏过量的重氮甲烷。

(4)脱落酸测定：取酶标板用蒸馏水冲洗数次，在每小孔中加入 100 μl 兔抗鼠 Ig 抗体溶液用于包被聚苯乙烯反应板的微孔，然后将酶标板放入内铺湿纱布的带盖瓷盘内，4℃下过夜或 37℃ 2 h。弃去孔内溶液，用洗涤缓冲液洗涤酶标孔 3 次，甩干。各孔中加入 100 μl 抗脱落酸甲酯的单克隆抗体，37℃下放置 70 min，洗涤缓冲液洗板，甩干。各孔内依次加入标准脱落酸溶液或待测样液，每个样品重复 3 次，于 20℃放置 20 min，洗板，甩干。各孔加入 100 μl 辣根过氧化物酶稀释缓冲液，湿盒在 37℃下放置 60 min，洗板，甩干。在暗条件下，各孔加入 100 μl 邻苯二胺基质液，湿盒在 37℃下显色 15 min，加入 50 μl 3 mol/L H_2SO_4中止反应。用酶联免疫检测仪测定 490 nm 处各孔的 OD_{490}，以加入脱落酸甲酯母液的孔 OD_{490}为 B_o，以加入脱落酸甲酯各标准溶液孔的 OD_{490}为 B_i。求出每份样品重复孔的平均值。

(5)计算：以标准的脱落酸甲酯物质的量为横坐标，以 $\ln[B_i/(B_o-B_i)]$ 为纵坐标，作出标准曲线。再根据样品孔的 OD_{490}和标准曲线，可计算出样品中脱落酸甲酯的物质的量，即样品中脱落酸的含量。

五、思考题

(1)脱落酸在植物中是如何产生的？

(2)脱落酸在植物中有哪些作用？

(3)酶联免疫法测脱落酸含量方法的原理是什么？

(4)解释乙酸乙酯萃取脱落酸的原理。

(5)胁迫情况下，植物叶片中的脱落酸含量会发生什么变化？

实验十二　植物叶片中脂肪酸成分的测定

一、实验原理

脂肪酸（fatty acid），是指一端含有一个羧基的长的脂肪族碳氢链，是有机物，直链饱和脂肪酸的通式是 $C_nH_{2n+1}COOH$，低级的脂肪酸是无色液体，有刺激性气味，高级的脂肪酸是蜡状固体，无明显可嗅到的气味。脂肪酸是最简单的一种脂，它是许多更复杂的脂的组成成分。脂肪酸在有充足氧供给的情况下，可氧化分解为 CO_2 和 H_2O，释放大量能量，因此脂肪酸是机体主要能量来源之一。脂肪酸 β-氧化是体内脂肪酸分解的主要途径，脂肪酸氧化可以产生供应机体需要的大量能量。脂肪酸 β-氧化也是脂肪酸的改造过程，机体所需要的脂肪酸链的长短不同，通过 β-氧化可将长链脂肪酸改造成长度适宜的脂肪酸，供机体代谢所需。脂肪酸 β-氧化过程中生成的乙酰 CoA 是一种十分重要的中间化合物，乙酰 CoA 除能进入三羧酸循环氧化供能外，还是许多重要化合物合成的原料，如酮体、胆固醇和类固醇化合物。因此脂肪酸含量是衡量植物在胁迫情况下的一个非常重要的生理指标。

脂肪酸是由碳、氢、氧三种元素组成的一类化合物，是中性脂肪、磷脂和糖脂的主要成分。脂肪酸根据碳链长度的不同又可将其分为：短链脂肪酸，其碳链上的碳原子数小于 6，也称挥发性脂肪酸；中链脂肪酸，指碳链上碳原子数为 6～12的脂肪酸，主要成分是辛酸(C_8)和癸酸(C_{10})；长链脂肪酸，其碳链上碳原子数大于 12。一般食物所含的大多是长链脂肪酸。脂肪酸根据碳氢链饱和与不饱和的不同可分为三类：饱和脂肪酸，碳氢上没有不饱和键；单不饱和脂肪酸，其碳氢链有一个不饱和键；多不饱和脂肪酸，其碳氢链有两个或两个以上不饱和键。富含单不饱和脂肪酸和多不饱和脂肪酸的脂肪在室温下呈液态，大多为植物油，如花生油、玉米油、豆油、坚果油(即阿甘油)、菜籽油等。以饱和脂肪酸为主组成成分的脂肪在室温下呈固态，多为动物脂肪，如牛油、羊油、猪油等。

但也有例外，如深海鱼油虽然是动物脂肪，但它富含多不饱和脂肪酸，如二十碳五烯酸和二十二碳六烯酸，因而在室温下呈液态。

脂肪酸具有长烃链的羧酸。通常以酯的形式为各种脂质的组成组分，以游离形式存在的脂肪酸在自然界很罕见。大多数脂肪酸含偶数碳原子，因为它们通常由二碳单位生物合成。高等动植物中最丰富的脂肪酸含16或18个碳原子，如棕榈酸(软脂酸)、油酸、亚油酸和硬脂酸。动植物脂质的脂肪酸中超过半数为含双键的不饱和脂肪酸，并且常是多双键不饱和脂肪酸。细菌脂肪酸很少有双键，但常被羟化，或含有支链，或含有环丙烷的环状结构。某些植物油和蜡含有不常见的脂肪酸。不饱和脂肪酸必有一个双键在C_9和C_{10}之间(从羧基碳原子数起)。脂肪酸的双键几乎总是顺式几何构型，这使不饱和脂肪酸的烃链有约30°的弯曲，干扰它们堆积时有效地填满空间，结果降低了范德瓦耳斯力，使脂肪酸的熔点随其不饱和度增加而降低。脂质的流动性随其脂肪酸成分的不饱和度相应增加，这个现象对膜的性质有重要影响。饱和脂肪酸是非常柔韧的分子，理论上围绕每个C—C键都能相对自由地旋转，因而有的构象范围很广。但是，其充分伸展的构象具有的能量最小，也最稳定；因为这种构象在毗邻的亚甲基间的位阻最小。和大多数物质一样，饱和脂肪酸的熔点随分子质量的增加而增加。

气相色谱法是利用色谱柱中装入担体及固定液，用载气把欲分析的混合物带入色谱柱，在一定的温度与压力条件下，各气体组分在载气和固定液薄膜的气液两相中的分配系数不同，随着载气的向前流动，样品各组分在气液两相中反复进行分配，使脂肪酸各组分的移动速度有快有慢，从而可将各组分离开。然后进行分别测定。此方法测得的是食物中各种脂肪酸占总脂肪酸的百分比。样品处理简单，快速；方法准确，灵敏度高。

二、实验仪器

常用玻璃容器与EP管，烘箱，天平，研磨器，水浴锅，移液枪(配套枪头)，冷冻离心机，色谱柱(2m×4mm，填充80～100目层析吸附剂，涂以8%～10%二乙二醇琥珀酸酯)，气相色谱仪，氢火焰离子化检测器等。

三、实验试剂及配制

石油醚，脂肪酸标准品，苯，无水甲醇，氮气，氢气，压缩空气，液氮。

0.4 mol/L氢氧化钾-甲醇溶液：称2.24 g氢氧化钾溶于少许甲醇中，然后用甲醇稀释到 10 ml。

脂肪酸混合标准：1%（*V/V*）6∶0，5%（*V/V*）8∶0，4%（*V/V*）10∶0，27%（*V/V*）12∶0，10%（*V/V*）14∶0，10%（*V/V*）16∶0，2%（*V/V*）18∶0，15%（*V/V*）18∶1，25%（*V/V*）18∶2，1%（*V/V*）18∶3。

四、实验步骤

（1）标品的测定：称取 100 mg 脂肪酸标准与脂肪酸混合标准（约 6 滴），加入 5 ml石油醚和苯的混合溶剂（1∶1，*V/V*），轻轻摇动使油脂溶解。加入 5 ml 0.4 mol/L氢氧化钾-甲醇溶液，混匀。室温静置 5～10 min 后，加蒸馏水使全部石油醚苯甲酯溶液升至瓶颈上部，放置待澄清。如上清液浑浊而又急待分析时，可滴入数滴无水乙醇，1～2 min 内即可澄清。吸取上清液，在室温下吹入氮使其浓缩，所得到浓缩液即可用于气相质谱分析。气相色谱条件为：柱温 210℃，进样器温度 280℃，检测器温度 280℃，氮气流速 40 ml/cm^2。根据每种标准品的出峰时间和质谱鉴定结果确定每种脂肪酸的出峰时间和相应浓度。

（2）样品提取与测定：称取 1 g 鲜样，研磨成匀浆，加入 5 ml 石油醚和苯的混合溶剂（1∶1，*V/V*），轻轻摇动使油脂溶解。加入 5 ml 0.4 mol/L 氢氧化钾-甲醇溶液，混匀。室温静置 5～10 min 后，加蒸馏水使全部石油醚苯甲酯溶液升至瓶颈上部，放置待澄清。如上清液浑浊而又急待分析时，可滴入数滴无水乙醇，1～2 min内即可澄清。吸取上清液，在室温下吹入氮气使浓缩，所得到浓缩液即可用于气相质谱分析。

（3）根据气相分析软件计算出峰面积和各种脂肪酸占总脂肪酸的百分比，然后直接计算植物样品中脂肪酸的总含量及各种脂肪酸的实际含量。

五、思考题

（1）如何通过气相分析软件计算峰面积？

（2）如何根据峰面积来计算脂肪酸的总含量及各种脂肪酸的实际含量？

（3）植物的脂肪酸有哪些作用？

（4）胁迫情况下，植物叶片中的脂肪酸含量会发生什么变化？

实验十三　植物叶片和根中一氧化氮含量的测定

一、实验原理

一氧化氮(nitric oxide，NO)在细胞内可以自由扩散，它不仅可以得电子，还可以失电子，因而既具有氧化性又具有还原性，可以和很多化学分子发生氧化还原反应。而对于一氧化氮的研究从20世纪70年代才开始，1988年关于一氧化氮的研究获得了诺贝尔生理学或医学奖，此后一氧化氮的研究便引起了越来越多的关注。

在动物体内，一氧化氮主要是通过一氧化氮合成酶(nitric oxide synthase，NOS)经过两步氧化反应催化形成，而且已知动物细胞中的一氧化氮合成酶是细胞色素P450相关的二聚体酶，一氧化氮合成酶在提供还原型烟酰胺腺嘌呤二核苷酸磷酸即还原型辅酶Ⅱ(NADPH)时能够首先将L-精氨酸催化氧化形成*N*-羟基精氨酸，下一步再进行氧化形成瓜氨酸，并释放出一氧化氮，因而只要提供相关的反应底物(L-精氨酸和NADPH等)和适宜的反应条件，一氧化氮合成酶就可以催化形成一氧化氮。目前通过同位素标记等技术，在烟草、大豆、小麦等许多植物中均已经检测到类似的植物一氧化氮合成酶酶，已有的研究也表明植体内中的一氧化氮合成酶可以被各种生物胁迫和非生物胁迫的诱导，当加入*N*-硝基-L-精氨酸甲酯基精氨酸(NG-nitro-L-arginine methyl ester，L-NAME)等动物细胞一氧化氮合成酶的酶活性抑制剂时，不仅可以抑制植物体内本来的一氧化氮合成酶活性，而且可以抑制外来胁迫处理诱导的一氧化氮合成酶酶活性的大量升高，进而可以抑制外来胁迫处理诱导的一氧化氮的大量产生。而在植物中，很多研究者都想分离出植物体内的一氧化氮合成酶基因，但都没有取得突破性进展。

对于植物体内硝酸还原酶(nitrate reductase，NR)的研究比一氧化氮合成酶的研究要顺利得多，首先在拟南芥中分离鉴定了两个硝酸还原酶(NR)基因，其中*AtNR*2占到了总硝酸还原酶活性的绝大部分而被认为是主要的硝酸还原酶。硝酸还原酶通常是把硝酸盐还原成亚硝酸盐，再将亚硝酸盐还原产生一氧化氮。但在气孔中通过对这两个基因的单突变分析脱落酸诱导一氧化氮产生的量的比较表明，*AtNR*1是气孔中一氧化氮产生的主要来源。最近的一些研究通过硝酸还原酶(NR)*nia*1*nia*2双突变体分析外源处理时一氧化氮的产生，说明*AtNR*参与了外源脱落酸、过氧化氢、生长素、细胞分裂素、热胁迫、冷胁迫及激发子诱导的一氧化氮合成，同时硝酸还原酶还参与了气孔开关的调节、主根和侧根的发育等一氧化氮参与调控的生理过程，说明在这些生理过程中，*AtNR* 是植物体内诱导一氧化氮大量产生的一条重要来源。

除了以上两种途径产生一氧化氮外，植物体内的亚硝酸还原酶(nitrite reductase，NiR)也可以通过将亚硝酸还原来产生一氧化氮。此外，亚硝酸盐还可以通过非酶促反应还原产生一氧化氮。此外，越来越多的研究表明，外源的生物胁迫和非生物胁迫处理均能够诱导一氧化氮的大量产生，有些是通过一氧化氮合成酶途径，有些是通过 NR 途径，有些是通过两种途径等。总之，植物体内一氧化氮的产生途径是多样化的，而且是非常复杂的，因此，引起越来越多研究者的关注。

植物体内的一氧化氮是一个动态流动的过程，在外源生物胁迫和非生物胁迫过程中，植物体需要诱导产生大量一氧化氮来抵御胁迫，但当植物适应一定的环境后也会清除体内过量的一氧化氮，以使植物体内一氧化氮的含量达到内稳态。植物体内一氧化氮的清除主要是通过以下两种方式进行：一种是自由基形式的一氧化氮与 O_2 直接进行反应可生成硝酸盐(NO_3^-)和亚硝酸盐(NO_2^-)，或者自由基形式的一氧化氮与超氧阴离子(O_2^-)直接进行反应以生成过氧化亚硝酸($ONOO^-$)；另一种是一氧化氮被还原剂如谷胱甘肽等进行还原，或者与血红蛋白等可以被亚硝基化修饰的蛋白通过 S-亚硝基化修饰进行还原。

一氧化氮作为一种重要的信号分子，在植物生长发育与环境互作的协调过程中起着非常重要的作用。一氧化氮广泛调控着植物的种子萌发、营养生长与生殖生长、根系的发育等多种生长发育过程。低浓度的一氧化氮能够促进种子萌发，抑制种子的早期休眠；而高浓度的一氧化氮则会抑制种子的萌发和生长，促进种子的休眠，这有一个剂量效应，至于这个中间阈值则是很难确定的。此外，在黑暗或光照较弱的条件下，一氧化氮还可以促进叶片的去黄化，并且可以降低胚轴的长度。一氧化氮还参与植物根系的发育，一氧化氮不仅可以抑制主根的长度和调控侧根的数目，还可以影响根毛的长度和数目。此外，在重力刺激下，一氧化氮在主根中是不对称分布的，这可能也是根的向地性形成的原因之一。开花过程对植物的生殖发育是非常重要的，受外界环境刺激和内源信号传导等多方面调控。已有研究表明，一氧化氮参与植物开花的调控，低浓度的一氧化氮可以促进植物的生长发育；而高浓度的一氧化氮则抑制植物的生长发育，它可以延迟开花。

已有研究表明，一氧化氮参与很多植物的抗病反应过程，一氧化氮可以加强超敏细胞死亡的诱导，植物体内的一氧化氮合成酶参与的一氧化氮合成途径，还参与植物对病原微生物的防御反应。一氧化氮也参与植物对多种非生物胁迫(包括盐害、干旱、冷胁迫等)的应答过程，外源的非生物胁迫处理能够诱导一氧化氮的大量产生。在抗盐害方面，外源一氧化氮供体-硝普钠(sodium nitroprusside，SNP)处理可以增强水稻、小麦、玉米等液泡膜 H^+-ATP 酶的活性，进而增强对盐害的耐受性；在抗干旱胁迫方面，外源一氧化氮供体(SNP)处理可以通过减小小麦气孔的张开而增强小麦对干旱胁迫的耐受性。还有研究表明一氧化氮能够激活液泡膜上的质子泵和调节体内的 Na^+/K^+ 比，进而增强植物对盐胁迫的抵抗能力。此外，一氧化氮通常可与 H_2O_2 协同作用，一氧化氮能够缓解各种胁迫损伤引起的胞内活性氧(reactive oxygen species，ROS)和 H_2O_2 水平升高对植物造成的伤害。一氧化氮作为一种重要的信号分子，除参与植物抗病反应过程等生物胁迫外，还参与低温、高温、盐害、干旱、重金属等非生物胁迫反应过程。因此一氧化氮含量是衡量植物在胁迫情况下的一个非常重要的生理指标。

DAF-FMDA 即 3-amino，4-aminomethyl-2′,7′-difluorescein diacetate，是最新一代用于一氧化氮定量检测的荧光探针，比以前常用的一氧化氮荧光检测探针 DAF-2DA 有多方面改进。DAF-FMDA 和 DAF-2DA 相比，最后和一氧化氮反应形成的荧光产物受 pH 的影响小，在 pH 大于 5.5 时不受 pH 的影响；DAF-FMDA 产生的荧光更加稳定，不容易淬灭，这样更便于检测；DAF-FMDA 对一氧化氮的检测灵敏度更高，相同条件下检测灵敏度可以提高接近两倍，最低检测浓度可以达到 3 nmol/L。

DAF-FMDA 可以穿过细胞膜，进入细胞后可以被细胞内的酯酶催化形成不能穿过细胞膜的 DAF-FM。DAF-FM 本身仅有很弱的荧光，但在和一氧化氮反应后可以产生强烈荧光，激发波长为 495 nm，发射波长为 515 nm。任何可以检测荧光的仪器，包括荧光显微镜、激光共聚焦显微镜、流式细胞仪、荧光分光光度计或荧光酶标仪都可以用于该荧光探针的检测。

二、实验仪器

常用玻璃容器与 EP 管，打孔器，荧光显微镜，酶标板，多功能酶标仪等。

三、实验试剂及配制

50 mmol/L 磷酸缓冲液(pH 5.6)。

10 μmol/LDAF-FMDA：将荧光染料 DAF-FMDA 溶解于 50 mmol/L 磷酸缓冲液(pH 5.6)，使其终浓度为 10 μmol/L，避光保存。

四、实验步骤

(1)体内直接检测一氧化氮含量，可在避光条件下用 10 μmol/L DAF-FMDA 处理植物的叶片 30 min 左右后，用 50 mmol/L 磷酸缓冲液(pH 5.6)漂洗几次，在荧光显微镜下观察荧光强度，荧光强弱直接反映了体内一氧化氮水平的高低。

(2)对于一氧化氮含量的定量，是将约 4 周大小的植株叶片，用打孔器取 7 mm直径的叶片，通过 DAF-FMDA(10 μmol/L)染色后，用酶标仪进行荧光定量测定叶片中的一氧化氮含量。

五、思考题

(1)DAF-FMDA 活体检测一氧化氮的机制是什么?

(2)植物中的一氧化氮是如何产生和清除的?

(3)一氧化氮在植物中有哪些功能？其含量是否越多越好？为什么?

(4)胁迫情况下，植物体内的一氧化氮含量会发生什么变化?

实验十四　植物叶片中钙的测定(EDTA 法)

一、实验原理

在很长一段时期里，化学家将从含碳酸钙的石灰石中焙烧获得的钙的氧化物当作是不可再分割的物质，在 1789 年拉瓦锡发表的元素表中就列有它。1808 年 5 月，戴维从贝齐里乌斯和瑞典皇家医生蓬丁共同电解生石灰和水银的混合物取得钙的实验中获得了启发。他们将湿润的生石灰和氧化汞按 3∶1 的比例混合后，放置在一铂片上，与电池的正极相接，然后又在混合物中作一洼穴，灌入水银，插入一铂丝，与电池的负极相接，得到较大量钙汞合金。把钙汞合金经蒸馏后得到了银白色的金属钙。从此钙被确定为元素，并被命名为 calcium，元素符号是 Ca。元素发布：地壳中钙含量为 4.15%，占第五位。主要的含钙矿物有石灰石（$CaCO_3$）、白云石（$CaCO_3 \cdot MgCO_3$）、石膏（$CaSO_4 \cdot 2H_2O$）、萤石（CaF_2）、磷灰石［$Ca_5(PO_4)_3F$］等。蛋壳、珍珠、珊瑚、一些动物的壳体和土壤中都含有钙。海水中氯化钙占 0.15%。

钙加热时与大多数非金属直接反应，如与硫、氮、碳、氢反应生成硫化钙（CaS）、氮化钙（Ca_3N_2）、碳化钙（CaC_2）和氢化钙（CaH_2）。加热时与二氧化碳反应。化学性质活泼，在空气中表面上能形成一层氧化物或氮化物薄膜，可减缓进一步腐蚀。可跟氧化合生成氧化钙，跟氮化合生成氮化钙（Ca_3N_2），跟氟、氯、溴、碘等化合生成相应卤化物，跟氢气在 400℃ 催化剂作用下生成氢化钙。常温下跟水反应生成氢氧化钙并放出氢气，跟盐酸、稀硫酸等反应生成盐和氢气，跟碳在高温下反应生成碳化钙（CaC_2）。加热时几乎能还原所有金属氧化物，在熔融时也能还原许多金属氯化物。钙的重要化合物有氢化钙、氧化钙、过氧化钙、氯化钙、氟化钙、碳化钙、氢氧化钙、氰氨化钙、碳酸钙、次氯酸钙、硫酸钙等。钙与液氨反应生成 $Ca(NH_3)_6$，是一种具金属光泽的导电固体；钙离子与乙二胺四乙酸（ethylene diamine tetraacetic acid，EDTA）可以生成螯合物［$CaEDTA]_2$，钙离子与含有 N、O 配原子的化合物可生成配合物，与冠醚、穴醚生成大环配合物。氟化钙（CaF_2）为白色晶体或粉末，密度 3.18 g/cm^3，熔点 1418℃，沸点 2533.4℃，难溶于水，溶于强浓无机酸放出氟化氢。自然界的氟化钙矿物为萤石或氟石，常呈灰、黄、绿、紫等色。工业上常用氢氧化钙与氢氟酸中和制备氟化钙；用水吸收生产钙镁磷肥时的废气再用石灰乳中和，也可制得氟化钙。过氧化钙（CaO_2）为黄白色晶体，属四方晶系，密度 2.9 g/cm^3，加热至 275℃ 爆炸分解；易潮解，微溶于水，与稀硫酸反应生成过氧化氢。向氯化钙水溶液加入过氧化氢和氨水，或将氢氧化钙、氯化铵溶于水，再加入过氧化氢，两反应皆在 0℃ 左右进行，并析出 $CaO_2 \cdot 8H_2O$ 晶体；在 150 ~ 200℃ 脱水干燥，可得到无水过氧化钙。

植物在生长和发育过程中，会受到多种激素和环境信号的影响，并由此产生一套感受和应答生物和非生物胁迫信号的机制，从而使之能够更好地适应环境。Ca^{2+}是高等植物细胞内普遍存在的一种信使分子，在植物体内起着非常广泛的作用，参与了植物体内多种刺激-反应的偶联过程。在植物中，细胞内钙水平就是通过不断的改变调节来应答各种各样的信号，包括生物胁迫、光、病虫害及激素等。而且还有一些生理过程，类似于保卫细胞的调节、根毛的延伸、极管的生长等都是通过钙浓度的显著时空改变来调节的。这类钙的瞬时变化特殊现象可以编码信息并对一些有效的刺激应答偶联有特殊需要。Ca^{2+}是一种非常广泛的细胞内信号分子，它介导植物体的许多生长发育现象及对外界刺激的应答。前者包括根毛和花粉管顶端的生长、胞质流动、囊泡分泌或胞吐及卵细胞极性的建立和不对称分裂。Ca^{2+}在激素信号转导、重力感知和向重性、非生长现象(气孔运动、阳光下的马达反应)及感知温度方面都发挥了重要的作用。

钙在植物中起着不可估量的作用。钙的生理功能与细胞壁组分有关。钙是植物结构组成元素，主要构成果胶酸钙、钙调素蛋白、肌醇六磷酸钙镁等，在液泡中有大量的有机酸钙，如草酸钙、柠檬酸钙、苹果酸钙等。钙能稳定细胞膜、细胞壁，还参与第二信使传递，调节渗透作用，具有酶促作用等。因此，钙含量是衡量植物在胁迫情况下的一个非常重要的生理指标。

钙与氨羧络合剂能定量地形成金属络合物，其稳定性较钙与指示剂所形成的络合物为强。在适当的 pH 范围内，以氨羧络合剂 EDTA 滴定，在达到定量点时，EDTA 就从指示剂络合物中夺取钙离子，使溶液呈现游离指示剂的颜色(终点)。根据 EDTA 络合剂用量，可计算钙的含量。

二、实验仪器

常用玻璃容器与 EP 管，天平，研磨器，冷冻离心机，微量滴定管，移液枪(配套枪头)，碱式滴定管，刻度吸管等。

三、实验试剂及配制

硝酸，液氮，高氯酸。

混合酸消化液：硝酸和高氯酸按 4∶1(*V/V*)混合。

25 mol/L 氢氧化钾溶液：称取 71.13 g 氢氧化钾，用去离子水定容至 1000 ml。

1%(*W/V*)氰化钠溶液：称取 1.0 g 氰化钠，用去离子水定容至 100 ml。

0.05 mol/L 柠檬酸钠溶液：称取 14.7 g 柠檬酸钠，用去离子水定容至 1000 ml。

EDTA溶液：称取4.50 g乙二胺四乙酸二钠（Na_2-EDTA），用去离子水定容至1000 ml，使用时稀释10倍即可。

钙红指示剂：称取0.1 g钙红指示剂，用去离子水使其溶解并定容至100 ml，此指示剂在4℃冰箱中可保存1个月。

钙标准储备液配制：取10 ml钙标准溶液（钙标准溶液浓度为1000 μg/ml），移入100 ml容量瓶中，用去离子水定容至100 ml。

四、实验步骤

（1）标定EDTA浓度：取0.5 ml钙标准储备液，用EDTA溶液滴定，标定其EDTA的浓度，根据滴定结果计算出每毫升EDTA相当于钙的毫克数，即滴定度T。

（2）样品的提取：称取植物组织叶片1 g置于研钵中，加少许石英砂及5 ml蒸馏水研磨，将匀浆液12 000 r/min、4℃离心5 min，上清液备用。

（3）样品及空白滴定：吸取0.1 ml样品消化液及空白液于试管中，加1滴氰化钠溶液和0.1 ml柠檬酸钠溶液，用滴定管加1.5 ml氢氧化钾溶液，再加3滴钙红指示剂，立即以稀释10倍的EDTA溶液滴定，直到指示剂由紫变蓝为止。

（4）计算：用下列公式计算出样品中钙的含量（X）。

$$X(\text{mg/g FW}) = T \times (V - V_0) \times F \times 100 / \text{FW} \tag{2-1}$$

式中，X为样品中钙的含量（mg/g FW）；T为EDTA的滴定度（mg/ml）；V为滴定样品时所用EDTA量（ml）；V_0为滴定空白时所用EDTA量（ml）；F为样品稀释倍数；FW为取样量（g）。

注：本方法的检测范围为1～50 μg。

五、思考题

（1）乙二胺四乙酸（EDTA）有什么作用？

（2）在实验体系中，加氰化钠和柠檬酸钠的目的是什么？

（3）植物的钙有哪些作用？

（4）胁迫情况下，植物体内的钙含量会发生什么变化？

实验十五　植物叶片中硝态氮的测定

一、实验原理

空气中含有近79%的氮气，然而，植物无法直接利用这些分子态氮。只有某些微生物(包括与高等植物共生的固氮微生物）才能利用大气中的氮气，而植物所利用的氮源，主要来自土壤。土壤中的有机含氮化合物主要来源于动物、植物和微生物躯体的分解，然而这些含氮化合物大多是不溶性的，通常不能直接为植物所利用，植物只可以吸收其中的氨基酸、酰胺和尿素等水溶性的有机氮化物。尿素虽是植物良好的氮源，但由于它易被分解为氨气和二氧化氮，因此施入田间的尿素，也只有一部分是以尿素分子的形式被植物吸收的。植物的氮源主要是无机氮化物，而无机氮化物中又以铵盐和硝酸盐为主，它们占土壤含氮量的1%～2%(*W/V*)。植物从土壤中吸收铵盐后，可直接利用它去合成氨基酸。如果吸收硝酸盐，则必须经过代谢还原才能被利用，因为蛋白质的氮呈高度还原态，而硝酸盐的氮则呈高度氧化态。

大多数植物虽能吸收 NH_4^+，但在一般田间条件下，NO_3^-是植物吸收的主要形式。NO_3^-进入细胞后，就被硝酸还原酶和亚硝酸还原酶还原成铵。在此还原过程中，每形成一个分子 NH_4^+要求供给 8 个电子。硝酸还原酶催化硝酸盐还原为亚硝酸盐。真核生物的硝酸还原酶由于来源不同，其亚基组成的数目和大小也不同，小的有两个亚基，大的可达 8 个亚基。现在认为硝酸还原酶是一种可溶性的钼黄素蛋白，它由黄素腺嘌呤二核苷酸、细胞色素 b557 和钼复合体组成，相对分子质量为200 000～500 000。亚硝酸还原酶催化亚硝酸盐还原为铵。在正常有氧条件下，由 NR 催化形成的亚硝酸盐，很少在植物体内积累，因为在植物组织中 NiR 的存在量大。亚硝酸还原酶相对分子质量为61 000～70 000，它由两个亚基组成，其辅基由西罗血红素和一个4Fe-4S 簇组成。

硝酸盐是植物吸收的主要含氮物质之一。它必须还原成 NH_3后才能参加有机氮化合物的合成。硝酸盐在植物体内的还原部位不同，可以在根内，也可以在枝叶内进行，且因植物类别和环境条件而异。因此，测定植物体内硝酸氮含量变化对了解氮代谢机制也是重要的。所以，硝酸盐含量是衡量植物在胁迫情况下的一个非常重要的生理指标。

硝酸根经还原成亚硝酸根后，与对氨基苯磺酸和α-萘胺结合，生成玫瑰红色的偶氮染料。

二、实验仪器

常用玻璃容器与EP管，烘箱，天平，研磨器，水浴锅，冷冻离心机，移液枪(配套枪头)，酶标板，多功能酶标仪或紫外分光光度计等。

三、实验试剂及配制

20 %(V/V)乙酸溶液，25 μg/ml KNO_3标准液，α-萘胺2 g，锌粉2 g，对氨基苯磺酸4 g，硫酸锰10 g，柠檬酸75 g，硫酸钡。

注：上述各药品分别研细，再分别用等份的硫酸钡和其他各药品混合，使混合粉剂成为无颗粒状灰白色的均匀体。配制粉剂应在干燥洁净环境中进行。若空气湿度偏高，则混合粉剂成淡玫瑰红色；若药品不纯也会造成此现象，降低测定灵敏度。配好的粉剂应保存在黑暗干燥条件中，7天以后即能应用。存放条件良好，可存放数年，其测定稳定性比新配的更佳。

四、实验步骤

(1)绘制标准曲线：取500 ml容量瓶6个，洗净，编号。分别吸取KNO_3标准液0 ml、2 ml、4 ml、6 ml、8 ml、10 ml加入1～6号容量瓶中，各取2 ml不同浓度的标液，加入冰醋酸溶液18 ml，再加0.4 g混合粉剂，剧烈摇动1 min，静置10 min，12 000 r/min、4℃离心5 min收集上清提取液，在520 nm处测定光吸收值。以硝态氮的浓度为横坐标，吸光度为纵坐标，作出标准曲线。

(2)植物样品中硝态氮含量的测定：取1 g新鲜植物材料，剪碎，于研钵中加少量蒸馏水研磨，移至干燥的锥形瓶中，加入蒸馏水5 ml，振荡1～3 min，12 000 r/min、4℃离心5 min收集上清提取液。取上清提取液2 ml，加入冰醋酸溶液18 ml，再加0.4 g混合粉剂，剧烈摇动1 min，静置10 min，12 000 r/min、4℃离心5 min收集上清提取液，在520 nm处测定吸光度。根据标准曲线即可计算出植物组织中硝态氮含量。

五、思考题

(1)硝态氮是什么?

(2)为什么反应过程中加入混合粉剂后要剧烈摇动 1 min?

(3)植物的硝态氮有哪些作用?

(4)胁迫情况下，植物叶片中的硝态氮含量会发生什么变化?

实验十六　植物叶片中亚硝酸盐的测定

一、实验原理

亚硝酸盐，一类无机化合物的总称，主要指亚硝酸钠，亚硝酸钠为白色至淡黄色粉末或颗粒状，味微咸，易溶于水。人体内硝酸盐在微生物的作用下可还原为亚硝酸盐，*N*-亚硝基化合物的前体物质。外观及滋味都与食盐相似，并在工业、建筑业中广为使用，肉类制品中也允许作为发色剂限量使用。由亚硝酸盐引起食物中毒的概率较高。食入 0.3 ~ 0.5 g 的亚硝酸盐即可引起中毒，3 g 导致死亡。

硝酸盐的还原可在根和叶内进行，通常绿色组织中硝酸盐的还原比非绿色组织中更为活跃。在绿叶中硝酸盐的还原是在细胞质中进行的，当硝酸盐被细胞吸收后，细胞质中的硝酸还原酶就利用烟酰胺腺嘌呤二核苷酸供氢体将硝酸还原为亚硝酸，而烟酰胺腺嘌呤二核苷酸是叶绿体中生成的苹果酸经双羧酸运转器，运送到细胞质，再由苹果酸脱氢酶催化生成的。NO_3^-还原形成 NO_2^-后被运到叶绿体，叶绿体内存在的亚硝酸还原酶利用光合链提供的还原型 Fd 作为电子供体将 NO_2^-还原为 NH_4^+。硝酸盐在根中的还原与叶中基本相同，即硝酸盐通过硝酸运转器进入细胞质，被硝酸还原酶还原为 NO_2^-，但电子供体烟酰胺腺嘌呤二核苷酸来源于糖酵解。形成的 NO_2^-再在前质体被亚硝酸还原酶还原为 NH_4^+。硝酸盐在根部及叶内还原所占的比例受多种因素影响，包括硝酸盐供应水平、植物种类、植物年龄等。一般来说，外部供应硝酸盐水平低时，则根中硝酸盐的还原比例大。木本植物根的硝酸还原能力很强。作物中硝酸盐在根内还原能力依次为：燕麦>玉米>向日葵>大麦>油菜。此外根中硝酸盐的还原比例还随温度和植物年龄的增加而增大。通常白天硝酸还原速度显著较夜间快，这是因为白天光合作用产生的还原力能促进硝酸盐的还原。

硝酸盐和亚硝酸盐广泛存在于环境中，是自然界中最普遍的含氮化合物。因此，亚硝酸盐含量是衡量植物在胁迫情况下的一个非常重要的生理指标。

样品经沉淀蛋白质，在弱酸条件下硝酸盐与对氨基苯磺酸重氮化后，生成的重氮化合物，再与萘基盐酸二氨乙烯偶联成紫红色的重氮染料，产生的颜色深浅与亚硝酸根含量成正比，可以比色测定。

二、实验仪器

常用玻璃容器与EP管，烘箱，天平，研磨器，水浴锅，冷冻离心机，移液枪(配套枪头)，酶标板，多功能酶标仪或紫外分光光度计等。

三、实验试剂及配制

亚铁氰化钾溶液：称取106 g亚铁氰化钾［$K_4Fe_9(CN)_5 \cdot 3H_2O$］，溶于水后，稀释至1000 ml。

乙酸锌溶液：称取220 g乙酸锌［$Zn(CH_2COOH)_2 \cdot 2H_2O$］，加30 ml冰醋酸溶于水，并稀释至1000 ml。

饱和硼砂溶液：称取5 g硼酸钠($Na_2BO_7 \cdot 10H_2O$)，溶于100 ml热水中，冷却后备用。

0.4%(*W/V*)对氨基苯磺酸溶液：称取0.4 g对氨基苯磺酸，溶于100 ml 20%(*W/V*)的盐酸中，避光保存。

0.2%(*W/V*)盐酸萘乙二胺溶液：称取0.2 g盐酸萘乙二胺，溶于100 ml水中，避光保存。

亚硝酸钠标准溶液：精密称取0.1 g于硅胶干燥器中干燥24 h的亚硝酸钠，加水溶解，移入500 ml容量瓶中，并稀释至刻度。此溶液每毫升相当于200 μg亚硝酸钠。

亚硝酸钠标准使用液：临用前，吸取亚硝酸钠标准溶液5.00 ml，置于200 ml容量瓶中，加水稀释至刻度，此溶液每毫升相当于5 μg亚硝酸钠。

四、实验步骤

(1)植物样品中亚硝酸盐的提取：取1 g新鲜植物材料，剪碎，于研钵中加少量蒸馏水研磨，移至干燥的锥形瓶中，加入蒸馏水 5 ml，振荡 1 ~ 3 min，12 000 r/min、4℃离心 5 min 收集上清提取液。

(2) 样品处理与计算：吸取 1 ml 上述提取液，另吸取 0. 00 ml、0. 20 ml、0. 40 ml、0. 60 ml、0. 80 ml、1. 00 ml、1. 50 ml、2. 00 ml、2. 50 ml 亚硝酸钠标准使用液(相当于 0 μg、1 μg、2 μg、3 μg、5 μg、7 μg、10 μg、12. 5 μg 亚硝酸钠)，于标准管与样品管中分别加入 1 ml 0. 4% (*W/V*) 对氨基苯磺酸溶液，混匀，静置 3 ~5 min 后各加入 1 ml 0. 2% (*W/V*) 盐酸萘乙二胺溶液，加水至刻度，混匀，静置 15 min，12 000 r/min、4℃离心 5 min 收集上清提取液，于波长 538 nm 处测吸光度，作出标准曲线并据此计算植物样品中亚硝酸盐的含量。

五、思考题

(1) 硝酸盐与亚硝酸盐之间如何转换?

(2) 测量硝酸盐与亚硝酸盐方法有何区别?

(3) 植物的亚硝酸盐有哪些作用?

(4) 胁迫情况下，植物叶片中的亚硝酸盐含量会发生什么变化?

实验十七　植物叶片中磷的测定

一、实验原理

磷在植物体内是细胞原生质的组分，对细胞的生长和增殖起重要作用；磷还参与植物生命过程的光合作用，糖和淀粉的利用和能量的传递过程；磷肥还能促进植物苗期根系的生长，使植物提早成熟；植物在结果时，磷大量转移到籽粒中，使得籽粒饱满。植物缺磷时植株生长缓慢、矮小、苍老、茎细直立，分枝或分蘖较少，叶小，呈暗绿或灰绿色而无光泽，茎叶常因积累花青苷而带紫红色；根系发育差，易老化。由于磷易从较老组织运输到幼嫩组织中再利用，故症状从较老叶片开始向上扩展；缺磷植物的果实和种子少而小，成熟延迟，产量和品质降低。轻度缺磷外表形态不易表现。低磷条件下，作物主要通过减小根半径，提高根冠比，增加根系比表面积，提高体内有机酸总量及酸性磷酸酶活性等来实现对低磷胁迫的适应，不同作物对低磷胁迫的适应能力不同，不同作物根分泌物对难溶性磷的活化量及作物对难溶性磷的吸收量也不同。

磷是矿质元素，吸收的动力是蒸腾作用。磷是一种无机盐，无机盐是与水一起进入植物体内的，植物靠根尖成熟区完成磷的吸收，当植物体外的无机盐的浓度大于植物的成熟区细胞的细胞液的浓度时，植物体就会从外界吸收无机盐。细胞膜的主动运输，需要消耗腺苷三磷酸(adenosine triphosphate，ATP)，主动运输是逆浓度阶梯运输的，由于磷离子较大，要靠细胞膜上蛋白质消耗能量来运输。磷是植物生长发育所必需的大量营养元素。植物磷营养高效利用通常与根形态、根分泌物、膜与体内磷转运及菌根等因素有关，表现为受多基因控制。随着分子生物学技术的发展和研究的不断深入，对植物磷吸收的研究也深入到分子水平。

在酸性条件下，无机磷可与钼酸铵作用生成磷钼酸铵，并被氯化亚锡还原成蓝色的磷钼蓝，由蓝色的深浅即可测定磷的含量。钼蓝的最大吸收波长为660 nm。使用该法时，钼酸铵-硫酸溶液应用滴定管加入，体积要准确，否则会因酸度不合适而导致不显色；显色时间不可过长，否则蓝色褪去，可导致实验失败。

二、实验仪器

常用玻璃容器与EP管，烘箱，天平，研磨器，水浴锅，冷冻离心机，移液枪(配套枪头)，酸式滴定管，酶标板，多功能酶标仪或紫外分光光度计等。

三、实验试剂及配制

石英砂，液氮，1 mmol/L钼酸铵溶液，50 μg/ml标准磷酸盐溶液。

磷酸盐硫酸试剂：50 μg/ml标准磷酸盐溶于400 ml去离子水中，加入5 ml浓硫酸，然后转入1 L容量瓶中定容，摇匀，去离子水溶解。

钼酸铵硫酸试剂：将280 ml浓硫酸慢慢倒入400 ml去离子水中，冷却。然后把上述配好的1 mmol/L钼酸铵溶液加入此硫酸溶液中并用去离子水稀释至1 L。

0.1 mol/L的$SnCl_2$盐酸溶液：于大烧杯中，加入60 ml浓盐酸并加热，溶解后用去离子水稀释至300 ml。溶液中加入少量锡粒，以防Sn^{2+}氧化。该溶液为0.1 mol/L的$SnCl_2$盐酸溶液，可存放数周。

四、实验步骤

(1)绘制标准曲线：取上述标准磷溶液配成浓度为0 μg/ml、5 μg/ml、

10 μg/ml、20 μg/ml、25 μg/ml、30 μg/ml、35 μg/ml、40 μg/ml、45 μg/ml、50 μg/ml，分别取1 ml于试管中，加入钼酸铵硫酸试剂3 ml，摇匀，再加$SnCl_2$ 0.1 ml，混匀，静置10～15 min。在660 nm处测定各标准溶液的吸光度。以磷的浓度为横坐标，吸光度为纵坐标，作出标准曲线。

(2)植物组织中磷含量的测定：称取植物组织叶片1 g置于研钵中，加少许石英砂及5 ml蒸馏水研磨，取该混合液12 000 r/min、4℃离心5 min，上清液备用，若着色严重，可用活性炭脱色。吸取组织提取液1 ml三份于洁净的试管中，在上述同样条件下测吸光度。

(3)计算：依据样品的吸光度，根据标准曲线即可计算溶液的浓度。根据下式计算出样品中的磷含量(P)。

$$P(\mu g/g\ FW) = C \times V/FW \qquad (2\text{-}2)$$

式中，C为提取液的磷含量(μg/ml)；V为提取液的体积(ml)；FW为样品鲜重(g)。

五、思考题

(1)如何用浓硫酸配制含低浓度磷的硫酸溶液?

(2)磷在植物中有何作用?

(3)如何检测植物中磷的含量?

实验十八　原子吸收分光光度法测定植物叶片中钾、钠、铁、铜、镉、钙、锰、镁、锌的含量

一、实验原理

金属离子是某种物质溶于水后的金属元素的离子。简单地说，就是分子组成的物质中的金属元素。绝大部分金属离子是阳离子，但有些金属可以生成阴离子。金属离子是维持多相体系的渗透平衡的重要组成部分，也是广泛的酶反应的必要组成部分。有些酶类的催化活性，除了蛋白质部分外，还需要金属离子，即金属离子是酶活性中心的组成部分。

在盐碱地上，常常会出现一层白色的盐霜。当土壤中氯化钠、硫酸钠含量较多时，称为盐土；当土壤中碳酸钠、碳酸氢钠较多时，称为碱土。实际上，土壤

往往同时含有上述几种盐，故称为盐碱土。土壤中盐碱过多时，就会危害植物的正常生长，称为盐害。盐碱对植物可造成两种危害：一是毒害作用，当植物吸收较多的钠离子或氯离子时，就会改变细胞膜的结构和功能。例如，植物细胞里的钠离子浓度过高时，细胞膜上原有的钙离子就会被钠离子所取代，使细胞膜出现微小的漏洞，膜产生渗漏现象，导致细胞内的离子种类和浓度发生变化，核酸和蛋白质的合成和分解的平衡受到破坏，从而严重影响植物的生长发育。同时，盐分在细胞内的大量积累，还会引起原生质凝固，造成叶绿素破坏，光合作用率急剧下降。此外，还会使淀粉分解，造成保卫细胞中糖分增多、膨压增大，最终导致气孔扩张而大量失水。这些危害，都会造成植物死亡。二是提高了土壤的渗透压，给植物根的吸收作用造成了阻力，使植物吸水发生困难。结果植物体内出现严重缺水，光合作用和新陈代谢无法进行；同时，还会出现细胞脱水、植株萎蔫，最后导致植物死亡。盐碱对植物造成的主要伤害表现在以下两个方面：一是细胞质中金属离子(主要是 Na^+)的大量积累，它会破坏细胞内离子平衡并抑制细胞内生理生化代谢过程，使植物光合作用能力下降，最终因碳“饥饿”而死亡。二是盐碱土壤是一个高渗环境，它能阻止植物根系吸收水分，从而使植物因“干旱”而死亡。同时盐碱土壤 pH 较高，这使得植物体与外界环境酸碱失衡，进而破坏细胞膜的结构，造成细胞内溶物外渗而使植物死亡。因而，受盐碱胁迫的植物一方面要降低细胞质中的离子积累，另一方面还通过积累过程产生某些特殊的产物，如蛋白质、氨基酸、糖类等来增强细胞的渗透压，阻止细胞失水，稳定质膜及酶类的结构。多数植物不宜生长在盐碱地上。而盐碱植物在形态和生理上都与其生长环境相适应。

K^+是植物细胞中含量最丰富的阳离子之一，对生物体具有重要的生理功能。土壤中增施钾肥能显著影响植物的生长，增加植物组织中 K^+含量，对生长的影响系数为 0.709，对树体整体影响系数为 0.56。K^+能促进细胞内酶的活性。细胞内有 50 多种酶或完全依赖于 K^+，或受 K^+的激活，如丙酮酸激酶、谷胺合成酶、6-磷酸果糖激酶等都能被 K^+激活。K^+对酶的激活同其他一价阳离子一样都是通过诱导酶构象的改变，使酶得以活化，从而提高催化反应的速率，在某些情况下 K^+能增加酶对底物的亲和力，K^+对膜结合 ATP 酶也有激活作用，K^+可能参与 tRNA 与核糖体结合过程中的几个步骤，参与蛋白质的合成。K^+在细胞内外不同浓度的分布是形成细胞跨膜电势的一个重要原因。作为植物细胞中最丰富的阳离子，K^+是平衡负电荷的主要阳离子因而对阴离子(如NO_3^-、苹果酸根等)的长距离运输也十分重要。K^+能调节植物体的许多生理功能，如增强植物光合作用，增强植株体内物质合成和转运，提高能量代谢等。在非盐生植物中，K^+在细胞的渗透调节中起着重要作用。例如，气孔保卫细胞中的K^+与相伴随的阴离子浓度变化是引起气孔运动的主要原因。施钾有利于植物体内与酚类物质代谢相关的酶的活性保持在较高水平，增加酚类物质含量，降低一些病害的发生，可促进碳代谢，提高植物组织含糖量。

各种金属离子特别是Na^+和K^+在植物体内的含量如何，与植物胁迫反应密切相关，因此测定植物体内各种金属离子的含量非常必要。每种元素的原子能够吸收其特定波长的光能，而吸收的能量值与该光路中该元素的原子数目成正比。用特定波长的光照射这些原子，测量该波长的光被吸收的程度，用标准溶液制成校正曲线。根据被吸收的光量求出被测元素的含量。原子吸收分光光度法的测量对象是呈原子状态的金属元素和部分非金属元素，系由待测元素灯发出的特征谱线通过供试品经原子化产生的原子蒸气时，被蒸气中待测元素的基态原子所吸收，通过测定辐射光强度减弱的程度，求出供试品中待测元素的含量。

二、实验仪器

常用玻璃容器与EP管，天平，研磨器，水浴锅，冷冻离心机，移液枪(配套枪头)，消化炉，原子吸收光谱分光光度计等。

三、实验试剂及配制

硝酸，液氮，0.121%(*W/V*)盐酸溶液，高氯酸。

混合酸消化液：硝酸和高氯酸按体积4∶1混合。

0.5 mol/L硝酸溶液：取33 ml硝酸，加去离子水稀释至1000 ml，定容即成。

各种元素标准母液：钾、钠、铁、铜、镉、钙、锰、镁、锌标准溶液，以上标准液浓度均为1000 μg/ml。

标准储备液的配制：吸取上述标准溶液各10 ml(镁5ml)，分别移入100 ml容量瓶中，然后用稀释用溶液定容至100 ml，其中铁、铜、镉、钙、锰、镁用0.5 mol/L硝酸溶液稀释定容，钾、钠、锌用1%(*W/V*)盐酸稀释定容。

四、实验步骤

(1)样品提取与消化：称取植物组织叶片 1 g 置于研钵中，液氮研磨后将其放入 50 ml 消化管中，加混酸 15 ml 左右，过夜。次日，将消化管放入消化炉中，消化开始时可将温度调低(130℃左右)，然后逐步将温度调高(最终调至 200℃左右)进行消化，一直消化到样品冒白烟并使之变成无色或黄绿色为止。若样品未消化好可再加几毫升混酸，直到消化完全。消化完后，待凉，再加 5 ml 去离子水，继续加热，直到消化管中的液体剩 2 ml 左右，取下，放凉，然后转移至 10 ml试管中，再用去离子水冲洗消化管 2 ~ 3 次，并最终定容至 10 ml。样品进行消化时，应同时进行空白消化。

(2)样品的测定：将标准储备液分别配制成不同浓度系列的标准稀释液，以供上机使用。其溶液可放置 4℃ 冰箱保存。测定钾、钠、铁、铜、镉、钙、锰、镁、锌的波长分别为 766. 5 nm、589. 0 nm、248. 3nm、324. 8 nm、228. 8 nm、422. 7 nm、279. 5 nm、285. 2 nm 和 213. 9 nm，仪器狭缝分别为0. 2 nm、0. 2 nm、0. 2 nm、0. 5 nm、0. 5 nm、0. 5 nm、0. 2 nm、0. 5 nm 和1. 0 nm，灯位置、灯电流等均按仪器使用说明调制至最佳状态，然后点火准备测定。首先，应以各标准系列溶液绘制标准曲线，然后逐一测定空白及样品。

(3)计算：根据仪器读数，用下列公式计算出样品中元素的含量(X)。

$$X(\text{mg/g FW}) = (C - C_0) \times V \times F \times 100/(\text{FW} \times 1000) \qquad (2\text{-}3)$$

式中，X 为样品中元素的含量(mg/g FW)；C 为测定样品中元素的浓度(mg/L)；C_0为空白值；V 为样品体积(ml)；F 为稀释倍数；FW 为取样量(g)。

注：以上元素最低检出限分别为钾 0. 05 μg /ml，钠 0. 05 μg /ml，铁 0. 2 μg/ml，锰 0. 1 μg /ml，铜 0. 0016 μg/ml，镉 0. 1 μg /ml，钙 0. 05 μg /ml，锌 0. 4 μg/ml，镁 0. 05 μg/ml。

五、思考题

(1)各种金属离子在植物中有什么作用?

(2)植物中的金属离子是越多越好吗?

(3)本实验为什么可以高通量测定样品中多种金属元素的含量?

第三部分　植物的活性氧与抗氧化酶系统

活性氧(reactive oxygen species，ROS)是生物光合作用产生氧气时的副产物，伴随着有氧生物的代谢过程出现。在植物组织内，活性氧的类型主要有自由羟基、单线态氧、超氧化阴离子和过氧化氢等，它们活性较高，对细胞内的脂类、蛋白质等大分子物质有毒害作用，尤其是对细胞脂膜产生氧化伤害。通常情况下，细胞内活性氧的生成和清除处于一个动态平衡。植物受到胁迫后，打破了这种平衡，使得活性氧积累增多，对植株的氧化损伤加剧，因此，及时清除活性氧，对于植物抗逆生理意义重大。

植物依赖一套抗氧化物来解除可能的胞内活性氧毒害，包括抗氧化物酶和一些非酶的小分子抗氧化合物如抗坏血酸(ascorbic acid，AsA)、谷胱甘肽(glutathione，GSH)等。抗氧化酶中包括过氧化氢酶(catalase，CAT)、过氧化物酶(peroxidase，POD)、谷胱甘肽还原酶(glutathione reductase，GR)、抗坏血酸过氧化物酶(ascorbate peroxidase，APX)和超氧化物歧化酶(superoxide dismutase，SOD)等，这些抗氧化物酶在清除多余活性氧，从而保护系统和质膜完整性的过程中发挥了重要作用。

本部分共包括12个实验，即实验十九 植物叶片中丙二醛含量的测定；实验二十 植物叶片中过氧化氢含量的测定；实验二十一 植物叶片中超氧阴离子含量的测定；实验二十二 植物叶片中谷胱甘肽含量的测定；实验二十三 植物叶片中总蛋白的粗提与蛋白质含量的测定；实验二十四 植物叶片中过氧化氢酶(CAT)活性的测定；实验二十五 植物叶片中过氧化物酶(POD)活性的测定；实验二十六 植物叶片中谷胱甘肽还原酶(GR)活性的测定；实验二十七 植物叶片中抗坏血酸过氧化物酶(APX)活性的测定；实验二十八 植物叶片中超氧化物歧化酶(SOD)活性的测定；实验二十九 植物叶片中多酚氧化酶(PPO)活性的测定；实验三十 植物叶片中烟酰胺腺嘌呤二核苷酸氧化酶(NOX)活性的测定。

实验十九 植物叶片中丙二醛含量的测定

一、实验原理

丙二醛（malondialdehyde，MDA）的结构式为 OHC—CH_2—CHO，分子式为 $C_3H_4O_2$（同丙烯酸），相对分子质量为72.0634。无色针状晶体，熔点 72～74℃，一般含两个结晶水，60℃下真空干燥可得无水物，易潮解，纯的丙二醛在中性条件下稳定，但在酸性条件下不稳定。由乙醛和甲酸乙酯在碱作用下缩合而得，可在高真空下升华精制，主要用作医药中间体、感光色素的原料。与蛋白质不相容，有潜在的致癌性。生物体内，自由基作用于脂质发生过氧化反应，氧化终产物为丙二醛，会引起蛋白质、核酸等生命大分子的交联聚合，且具有细胞毒性。

植物器官在逆境条件下或衰老时，往往发生膜脂过氧化作用，丙二醛是其产物之一，通常将其作为脂质过氧化指标，用于表示细胞膜脂过氧化程度和植物对逆境条件反应的强弱。丙二醛的含量与植物衰老及逆境伤害有密切关系，因此，丙二醛含量是衡量植物在胁迫情况下生长状态的一个非常重要的生理指标。

测定植物体内丙二醛含量，通常利用硫代巴比妥酸（thiobarbituric acid，TBA）在酸性条件下加热与组织中的丙二醛产生显色反应，生成红棕色的三甲川（3,5,5-三甲基恶唑-2,4-二酮），三甲川最大的吸收波长在532 nm。但是测定植物组织中 MDA 时受多种物质的干扰，其中最主要的是可溶性糖，糖与硫代巴比妥酸显色反应产物的最大吸收波长在450 nm 处，在532 nm 处也有吸收。植物遭受干旱、高温、低温等逆境胁迫时可溶性糖增加，因此测定植物组织中丙二醛与硫代巴比妥酸反应产物含量时一定要排除可溶性糖的干扰。此外在532 nm 波长处，还有非特异的背景吸收的影响，也要加以排除。在 532 nm、600 nm 和 450 nm波长处测定吸光值，即可计算出丙二醛含量。

二、实验仪器

常用玻璃容器与 EP 管，烘箱，天平，研磨器，水浴锅，冷冻离心机，移液枪（配套枪头），紫外分光光度计等。

三、实验试剂及配制

三氯乙酸，液氮，石英砂，硫代巴比妥酸。

三氯乙酸溶液：0.25%（*W/V*）硫代巴比妥酸溶解于10%（*W/V*）三氯乙酸，不易溶解，加热促进溶解。

四、实验步骤

（1）称取1 g新鲜的植物叶片，加入液氮后用研磨棒轻轻研磨后加入5 ml冰的三氯乙酸溶液，在沸水浴中提取约20 min，水浴过程中经常摇动并盖好盖子。

（2）室温冷却后离心，取上层溶液测OD_{450}、OD_{532}和OD_{560}。

（3）计算：根据以下公式得出单位质量植物叶片的丙二醛含量（*X*）。

$$X(\text{mmol/g FW}) = [6.452 \times (OD_{532} - OD_{600}) - 0.559 \times OD_{450}] \times V_t/(V_s \times \text{FW}) \tag{3-1}$$

式中，*X*为样品中丙二醛的含量（mmol/g FW）；OD_{450}为样品提取液在450 nm处的吸光度；OD_{532}为样品提取液在532 nm处的吸光度；OD_{600}为样品提取液在600 nm处的吸光度；V_t为提取液体积（ml）；V_s为测定用提取液体积（ml）；FW为样品鲜重（g）。

五、思考题

（1）如何在测定过程中排除可溶性糖的干扰？

（2）植物的丙二醛有哪些作用？

（3）胁迫情况下，植物叶片中的丙二醛含量会发生什么变化？

实验二十　植物叶片中过氧化氢含量的测定

一、实验原理

活性氧（reactive oxygen species，ROS）包括超氧阴离子自由基（O_2^-）、羟基自由基（·OH）和过氧化氢（hydrogen peroxide，H_2O_2）。其中超氧阴离子的半衰期相对较短（2～4 μs），而且溶解性很差。羟基自由基的半衰期最短（小于1 μs），但它在其产生的位点与生物分子有很高的亲和力，能快速反应。过氧化氢是其中相对稳定的一种(半衰期为 1 ms)，能从产生的位点溶解到较远的地方。细胞内的 H_2O_2 水平是由 H_2O_2 的产生和代谢水平来决定的。在稳定的情况下，大量产生的 H_2O_2 被各种不同的抗氧化的防御体系所平衡，从而维持 H_2O_2 的内稳态。然而，这种平衡可以被许多不利的环境因素打破。这种破坏导致胞内的 H_2O_2 水平急剧升高。这种升高有可能是由于过氧化氢的产生增加也可能是由于细胞抵抗氧化的能力下降所导致。升高的 H_2O_2 起初作为信号分子导致了一些酶的激活和基因的表达。一旦积累的 H_2O_2 达到极限水平，一个不可逆转的细胞死亡程序就被激活了。因此，H_2O_2 的产生和代谢间的平衡决定了细胞的命运。当然，不同的植物，不同的细胞，甚至不同的亚细胞结构中可能有害的 H_2O_2 精确的浓度也不同。

过氧化氢的产生途径有很多，可分为两大类：一是在正常的其他代谢中产生的过氧化氢，主要是叶绿体中的米勒反应、线粒体中的电子转移及过氧化物酶体中的光呼吸。过氧化物酶体中还包括一些其他的产生过氧化氢的系统。二是通过酶产生的过氧化氢，主要通过还原型烟酰胺腺嘌呤二核苷酸磷酸即还原型辅酶Ⅱ(NADPH)氧化酶、黄嘌呤氧化酶、胺氧化酶和细胞壁过氧化物酶等。

过氧化氢参与了植物细胞中许多的生命过程，如气孔关闭、生长素调节的向地性反应等。过氧化氢能氧化或调节信号蛋白，如蛋白磷酸酶、转录因子、位于质膜或其他地方的钙通道及包括质膜组氨酸激酶和丝裂原活化蛋白激酶(mitogen-activated protein kinase，MAPK)。升高的胞内钙离子浓度会通过钙结合蛋白(如钙调素、蛋白磷酸酶、蛋白激酶)的活动进一步引起下游反应。尽管过氧化氢参与这些活动已经得到了证实，但过氧化氢在其中如何起作用的细节还需要进一步的研究。

植物在逆境胁迫下，由于体内活性氧代谢加强而使过氧化氢发生累积。H_2O_2 可以直接或间接地氧化细胞内核酸、蛋白质等生物大分子，并使细胞膜遭受损害，从而加速细胞的衰老和解体。因此，植物组织中 H_2O_2 含量与植物的抗逆性密切相关。所以 H_2O_2 含量是衡量植物在胁迫情况下的一个非常重要的生理指标。

H_2O_2 与硫酸钛(或氯化钛)生成过氧化物-钛复合物黄色沉淀，可被 H_2SO_4 溶解后，在 415 nm 波长下比色测定。在一定范围内，其颜色深浅与 H_2O_2 浓度呈线性关系。

二、实验仪器

常用玻璃容器与 EP 管，烘箱，天平，研磨器，冷冻离心机，移液枪（配套枪头），酶标板，多功能酶标仪或紫外分光光度计等。

三、实验试剂及配制

50 mmol/L 磷酸缓冲液（pH 7.8）：内含 1%（*W/V*）聚乙烯吡咯烷酮（insoluble polyvinylpyrrolidone，PVP），临用前加。

0.1%（*W/V*）硫酸钛溶液：0.1 g 硫酸钛溶于 100 ml 20%（*W/V*）硫酸中。

30%（*W/V*）H_2O_2母液。

四、实验步骤

（1）标准曲线的绘制：以 30%（*W/V*）H_2O_2 母液稀释，配制成 0 μmol/L、24 μmol/L、96 μmol/L、192 μmol/L、490 μmol/L、980 μmol/L、9800 μmol/L 的 H_2O_2标准溶液。取样品提取液 1 ml，加入 1 ml 5% 硫酸钛，放置 10 min 后，12 000 r/min、4℃离心 10 min，取上清液在 410 nm 处分别测定吸光度，并作出标准曲线。

（2）样品的提取：称取植物组织叶片 1 g 置于研钵中，研磨后加 5 ml 50 mmol/L磷酸缓冲液（pH 7.8），将匀浆液 12 000 r/min、4℃离心 5 min，上清液即为样品提取液。

（3）取样品提取液 1ml，加入 1ml 5%（*W/V*）硫酸钛，放置 10 min 后，12 000 r/min、4℃离心 10 min，取上清液在 410 nm 处测定吸光度。根据标准曲线和测定的吸光度计算单位质量植物组织样品中过氧化氢的含量。

五、思考题

（1）在样品提取过程中加入聚乙烯吡咯烷酮的目的是什么？

（2）植物中的过氧化氢是如何产生和清除的？

（3）过氧化氢在植物中有哪些功能？其含量是否越少越好？为什么？

（4）胁迫情况下，植物叶片中的过氧化氢含量会发生什么变化？

实验二十一　植物叶片中超氧阴离子含量的测定

一、实验原理

生物体内的一部分氧分子，在参与酶促或非酶促反应时，若只接受一个电子，会转变为超氧阴离子自由基(O_2^-)。O_2^-既能与体内的蛋白质和核酸等活性物质直接作用，又能衍生为H_2O_2、羟自由基(·OH)、单线态氧($^1O_2$)等。·OH可以引发不饱和脂肪酸脂质过氧化反应，产生一系列自由基，如脂质自由基(·R)、脂氧自由基(RO·)、脂过氧自由基(ROO·)和脂过氧化物(ROOH)，自由基积累过多时会对细胞膜及许多生物大分子产生破坏作用。因此，O_2^-含量是衡量植物在胁迫情况下的一个非常重要的生理指标。

在生物体中，氧作为电子传递的受体，得到单电子时，生成O_2^-。利用羟胺氧化的方法可以测定生物系统中O_2^-含量。O_2^-与羟胺反应生成NO_2^-，NO_2^-在对氨基苯磺酸和α-萘胺的作用下，生成粉红色的偶氮染料。取生成物在530 nm波长处测定吸光值，根据OD_{530}可以算出样品中O_2^-含量。

二、实验仪器

常用玻璃容器与EP管，水浴锅，天平，研磨器，冷冻离心机，移液枪(配套枪头)，酶标板，多功能酶标仪或紫外分光光度计等。

三、实验试剂及配制

50 mmol/L磷酸缓冲液(pH 7.8)：内含1%(*W/V*)聚乙烯吡咯烷酮(insoluble polyvinylpyrrolidone，PVP)，临用前加。

1 mmol/L盐酸羟胺，17 mmol/L对氨基苯磺酸［冰醋酸：水(*V/V*)= 3：1配制］，7 mmol/L α-萘胺［冰醋酸：水(*V/V*)= 3：1配制］，50 nmol/ml $NaNO_2$母液，液氮。

四、实验步骤

(1)标准曲线的绘制：取7支试管，编0～6号，分别加10 nmol/ml、

15 nmol/ml、20 nmol/ml、30 nmol/ml、40 nmol/ml、50 nmol/ml $NaNO_2$标准稀释液1 ml，0号管加蒸馏水1 ml，然后各管再加50 mmol/L磷酸缓冲液1 ml，17 mmol/L对氨基苯磺酸1 ml和7 mmol/L α-萘胺1 ml，置于25℃显色20 min后，以0号管作空白对照，在530 nm波长处测定吸光度。以亚硝酸根浓度为横坐标，吸光值作纵坐标，作出标准曲线。

(2)样品的提取：称取植物组织叶片1 g置于研钵中，研磨后加5 ml 50 mmol/L磷酸缓冲液(pH 7.8)，将匀浆液12 000 r/min、4℃离心5 min，上清液即为样品提取液。

(3)取样品提取液1ml，加入50 mmol/L磷酸缓冲液1 ml，17 mmol/L对氨基苯磺酸1 ml和7 mmol/L α-萘胺1 ml，置于25℃显色20 min后，以0号管作空白对照，在530 nm波长处测定吸光度。根据标准曲线和测定的吸光值计算单位质量植物组织样品中超氧阴离子的含量。

五、思考题

(1)植物体内过量的过氧化氢和超氧阴离子对植物的危害是什么?

(2)过氧化氢和超氧阴离子的产生和危害有何不同?

(3)植物的超氧阴离子有哪些作用?

(4)胁迫情况下，植物体内的超氧阴离子含量会发生什么变化?

实验二十二　植物叶片中谷胱甘肽含量的测定

一、实验原理

谷胱甘肽(glutathione，GSH)是一种含γ-酰胺键和巯基的三肽，由谷氨酸、半胱氨酸及甘氨酸组成。存在于几乎身体的每一个细胞，也广泛存在于植物组织中。谷胱甘肽广泛存在于动植物中，在生物体内有着重要的作用。在面包酵母、小麦胚芽和动物肝脏中的含量很高，达100～1000 mg/100g，在人体血液中为26～34 mg/100 g，鸡血中为58～73 mg/100 g，猪血中为10～15 mg/100 g，在番茄、菠萝、黄瓜中含量也较高(12～33 mg/100 g)，而在甘薯、绿豆芽、洋葱、香菇中含量较低(0.06～0.7 mg/100 g)。谷胱甘肽能帮助保持正常的免疫系统功能，并具有抗氧化作用和整合解毒作用，半胱氨酸上的巯基为其活性基团(故常简写为 GSH)，易与某些药物(如扑热息痛)、毒素(如自由基、碘乙酸、芥子气，铅、汞、砷等重金属)等结合，而具有整合解毒作用。谷胱甘肽具有广谱解毒作用，不仅可用于药物，更可作为功能性食品的基料，在延缓衰老、增强免疫力、抗肿瘤等功能性食品中广泛应用。GSH 作为一种细胞内重要的调节代谢物质，其既是甘油醛磷酸脱氢酶的辅基，又是乙二醛酶及丙糖脱氢酶的辅酶，参与体内三羧酸循环及糖代谢，并能激活多种酶，如巯基(—SH)酶-辅酶等，从而促进糖类、脂肪和蛋白质代谢。

谷胱甘肽能和 5,5′-二硫代-双-(2-硝基苯甲酸)(5,5′-dithiobis-2-nitrobenoic acid，DTNB)反应产生 2-硝基-5-巯基苯甲酸和谷胱甘肽二硫化物(oxidated glutathione，GSSG)。2-硝基-5-巯基苯甲酸为一黄色产物，在波长 412 nm 处具有最大光吸收。因此，利用分光光度计法可测定样品中谷胱甘肽的含量。因此，谷胱甘肽特别是 GSH 含量是衡量植物在胁迫情况下的一个非常重要的生理指标。

在还原性辅酶Ⅱ(NADPH)和谷胱甘肽还原酶(glutathione reductase，GR)维持谷胱甘肽总量不变的条件下，GSH 和 DTNB 反应，在此反应中，NADPH 量逐渐减少，TNB 量逐步增加，TNB 在 412 nm 吸收增加的速率 OD_{412}/min 与样品中总谷胱甘肽量成正比。本法灵敏度可达 0.1 nmol/L 左右，加收率 93%～106%。由于 GSH 和 GSSG 循环交替，周而复始总量不变，故称此为循环法，是目前较灵敏的测定总 GSH(即 GSH+GSSG)方法。

二、实验仪器

常用玻璃容器与 EP 管，水浴锅，天平，研磨器，冷冻离心机，移液枪(配套枪头)，紫外分光光度计等。

三、实验试剂及配制

50 g/L 三氯乙酸溶液(含 5 mmol/L Na_2-EDTA)：称取 5 g 三氯乙酸，用蒸馏水溶解稀释至 100 ml。再称取 186 mg Na_2-EDTA · $2H_2O$，加入 100 ml 50 g/L 三氯乙酸溶液中溶解。

0.1 mol/L 磷酸钠溶液缓冲液(pH 7.7)，谷胱甘肽还原酶，0.1 mol/L(pH 6.8)磷酸钠缓冲液。

4 mmol/L 二硫代硝基苯甲酸(DTNB)溶液：称取 15.8 mg DTNB，用

0.1 mol/L、pH 6.8 磷酸缓冲液溶解，定容至 10 ml，混匀，4℃保存。现用现配。

100 μmol/L 还原型谷胱甘肽标准液：称取 3.1 mg 还原型谷胱甘肽，加入少量无水乙醇溶解，加蒸馏水定容至 100 ml。

四、实验步骤

(1)标准曲线制作：取 8 支试管，编号，分别加入 1 ml 不同浓度的还原型谷胱甘肽标准液（0 nmol/L、0.1 nmol/L、0.5 nmol/L、1 nmol/L、5 nmol/L、20 nmol/L、100 nmol/L、500 nmol/L）、1 ml 0.1 mol/L 磷酸缓冲液（pH 7.7）、0.5 ml 4 mmol/L 二硫代硝基苯甲酸（DTNB）溶液，25℃保温 10 min。迅速测定显色液在波长 412 nm 处的吸光度，以吸光度为纵坐标，还原型谷胱甘肽物质的量为横坐标，绘制标准曲线。

(2)样品的提取：称取植物组织叶片 1 g 置于研钵中，研磨后加入 5 ml 经 4℃预冷的 50 g/L 三氯乙酸溶液（含 5 mmol/L Na_2-EDTA），于 4℃、12 000g 离心 20 min。收集上清液用于测定谷胱甘肽含量，测量提取液体积。

(3)还原型谷胱甘肽的测定和计算：取两支试管，分别加入 1 ml 上清液、1 ml 0.1mol/L磷酸缓冲液（pH 7.7）。向一支试管中加入 0.5 ml 4 mmol/L 二硫代硝基苯甲酸（DTNB）溶液，另一支试管中加入 0.5 ml 0.1 mol/L 磷酸缓冲液（pH 6.8），将两支试管置于 25℃保温 10 min。按照制作标准曲线的方法，迅速测定显色液在波长 412 nm 处的吸光度，分别记作 OD_s 和 OD_c。重复 3 次。显色反应后，分别记录样品管混合液的吸光度（OD_s）和空白对照管反应混合液的吸光度（OD_c）。根据吸光度差值，从标准曲线上查出相应的还原型谷胱甘肽量，用下列计算出样品中还原型谷胱甘肽含量（X_1）。

$$X_1(\mu mol/g\ FW) = N_1 \times V/(V_s \times FW) \tag{3-2}$$

式中，X_1为样品中还原型谷胱甘肽含量（μmol/g FW）；N_1为由标准曲线查得的溶液中还原型谷胱甘肽物质的量（μmol）；V 为样品提取液总体积（ml）；V_s 为吸取样品液体积（ml）；FW 为样品质量（g）。

(4)总谷胱甘肽的测定和计算：取两支试管，分别加入 1 ml 上清液、2 U 谷胱甘肽还原酶、1 ml 0.1 mol/L 磷酸缓冲液（pH 7.7）。向一支试管加入 0.5 ml 4 mmol/L二硫代硝基苯甲酸（DTNB）溶液，另一支试管中加入 0.5 ml 0.1mol/L 磷酸缓冲液（pH 6.8），将两支试管置于 25℃保温 10 min。按照制作标准曲线的方法，迅速测定显色液在波长 412 nm 处的吸光度，分别记作 OD_s 和 OD_c。重复 3 次。显色反应后，分别记录样品管混合液的吸光度（OD_{s2}）和空白对照管反应混合液的吸光度（OD_{c2}）。根据吸光度差值，从标准曲线上查出相应的还原型谷胱甘肽量，用下列公式计算出样品中总谷胱甘肽含量（X_2）。

$$X_2(\mu mol/g\ FW) = N_2 \times V/(V_s \times FW) \tag{3-3}$$

式中，X_2 为样品中总谷胱甘肽含量（μmol/g FW）；N_2 为由标准曲线查得的溶液中总谷胱甘肽物质的量（μmol）；V 为样品提取液总体积（ml）；V_s 为吸取样品液体积（ml）；FW 为样品质量（g）。

（5）总谷胱甘肽的含量减去还原型谷胱甘肽的含量即为氧化型谷胱甘肽的含量。

五、思考题

（1）谷胱甘肽有哪几种存在形式？它们之间如何相互转换？

（2）如何测定样品中各种谷胱甘肽的含量？

（3）植物的谷胱甘肽有哪些作用？

（4）胁迫情况下，植物体内的谷胱甘肽含量会发生什么变化？

实验二十三　植物叶片中总蛋白的粗提与蛋白质含量的测定

一、实验原理

布拉德福德（Bradford）法是一种迅速、可靠的通过染色测定溶液中蛋白质浓度的方法。不过，尽管相对来说此法的干扰物质较少，但因为染料与不同的蛋白质之间的相互作用强弱不同，因此并不能算作一种特别严格的定量方法。优点是快速和灵敏。缺点是对不同蛋白质反应不同，且会引起蛋白质不可逆的变性。此法基于考马斯亮蓝 G250 有红、蓝两种不同颜色形式。在一定浓度的乙醇及酸性条件下，可配成淡红色的溶液，当与蛋白质结合后，产生蓝色化合物，反应迅速而稳定。反应化合物在 465 ~ 595 nm 处有最大光吸收值，化合物颜色的深浅与蛋白质浓度的高低成正比关系。灵敏度范围是 25 ~ 200 μg/ml，最小测量体积 0. 1 ml，最小测量蛋白质量 2. 5 μg。

二、实验仪器

常用玻璃容器与 EP 管，水浴锅，天平，研磨器，冷冻离心机，移液枪(配套枪头)，酶标板，多功能酶标仪或紫外分光光度计等。

三、实验试剂及配制

50 mmol/L 磷酸缓冲液(pH 7.8)：内含 1%(*W/V*)聚乙烯吡咯烷酮(insoluble polyvinylpyrrolidone，PVP)，临用前加。

Bradford 储备液(300 ml)：95%(*V/V*)乙醇 100 ml，88%(*W/V*)磷酸200 ml，考马斯亮蓝 G250 350 mg，定容到 500 ml。

Bradford 工作液(500 ml)：双蒸水 425 ml，95%乙醇 15 ml，88%(*W/V*)磷酸 30 ml，Bradford 储备液 30 ml 混合而成，过滤后置于棕色瓶中保存于室温下。

1.0 mg/ml 的标准牛血清蛋白(albumin from bovine serum，BSA)溶液，液氮。

四、实验步骤

(1)绘制蛋白质标准曲线(Bradford 法)：取 9 支试管，依次加入 1.0 mg/ml 的标准牛血清蛋白(BSA)溶液体积为 0 μl、2.5 μl、5 μl、7.5 μl、10 μl、12.5 μl、15 μl、17.5 μl、20 μl，然后用蛋白裂解液将各管补充到 100 μl。最后各试管中分别加入 3.0 ml Bradford 工作液，充分混匀。加完试剂 10 min 后，在分光光度计上测定各样品在 595 nm 处的吸光度，重复测定 3 次取平均值。在 Excel 工作表中，以吸光度(OD)为横坐标 x，反应蛋白质量(μg)为纵坐标 y，作出标准曲线。

(2)植物样品粗提液中蛋白质浓度的测定：称取植物组织叶片 1 g 置于研钵中，研磨后加 5 ml 50 mmol/L 磷酸缓冲液(pH 7.8)，将匀浆液 12 000 r/min、4℃离心 5 min，上清液即为样品粗提液。取 100 μl 样品粗提液，加入 3.0 ml Bradford 工作液，充分混匀。加完试剂 10 min 后，在分光光度计上测定各样品在 595 nm 处的吸光度 OD_{595}，重复测定 3 次取平均值。根据标准曲线和样品的 OD_{595} 数值即可计算出植物样品粗提液中的蛋白质浓度。

五、思考题

(1)植物样品中蛋白质提取操作中应注意什么？

(2)植物叶片中蛋白质含量如何测定?

(3)植物叶片中蛋白质浓度很高时，如何测定其浓度?

实验二十四 植物叶片中过氧化氢酶(CAT)活性的测定

一、实验原理

过氧化氢酶(catalase，CAT)是一种酶类清除剂，又称触酶，是以铁卟啉为辅基的结合酶。它可促使 H_2O_2 分解为分子氧和水，清除体内的过氧化氢，从而使细胞免于遭受 H_2O_2 的毒害，是生物防御体系的关键酶之一。CAT 作用于过氧化氢的机制实质上是 H_2O_2 的歧化，必须有两个 H_2O_2 先后与 CAT 相遇且碰撞在活性中心上，才能发生反应。H_2O_2 浓度越高，分解速度越快。因此，CAT 酶活性是衡量植物在胁迫情况下的一个非常重要的生理指标。

H_2O_2 在 240 nm 波长下有强烈光吸收，过氧化氢酶能分解过氧化氢，使反应溶液吸光度(OD_{240})随反应时间而降低。根据测量吸光度的变化速度即可测出过氧化氢酶的活性。

二、实验仪器

常用玻璃容器与 EP 管，水浴锅，天平，研磨器，冷冻离心机，移液枪(配套枪头)，酶标板，多功能酶标仪或紫外分光光度计等。

三、实验试剂及配制

50 mmol/L 磷酸缓冲液(pH 7.8)：内含 1% (*W/V*) 聚乙烯吡咯烷酮(insoluble polyvinylpyrrolidone，PVP)，临用前加。

Bradford 储备液(300 ml)：95% (*V/V*) 乙醇 100 ml，88% (*W/V*) 磷酸200 ml，考马斯亮蓝 G250 350 mg，定容到 500 ml。

Bradford 工作液(500 ml)：双蒸水 425 ml，95% 乙醇 15 ml，88% (*W/V*) 磷酸 30 ml，Bradford 储备液 30 ml 混合而成，过滤后置于棕色瓶中保存于室温下。

1.0 mg/ml 的标准牛血清蛋白(BSA)溶液。

0.1 mol/L H_2O_2：用 0.1 mol/L 高锰酸钾标定。

四、实验步骤

(1)植物样品粗提液中蛋白质浓度的测定：称取植物组织叶片 1 g 置于研钵中，研磨后加5 ml 50 mmol/L 磷酸缓冲液(pH 7.8)，将匀浆液12 000 r/min、4℃离心 5 min，上清液即为样品粗提液。取 100 μl 样品粗提液，加入 3.0 ml Bradford 工作液，充分混匀。加完试剂10 min后，在分光光度计上测定各样品在595 nm 处的吸光度 OD_{595}，重复测定3次取平均值。根据标准曲线和样品的 OD_{595} 数值即可计算出植物样品粗提液中的蛋白质浓度。

(2)取100 μl 样品粗提液，25℃预热后，加入0.3 ml 0.1 mol/L 的 H_2O_2，加完立即计时，并迅速于240 nm 下测定吸光度，每隔1 min 读数1次，共测4 min。

(3)结果计算：以1 min 内 OD_{240}减少0.1的酶量为1个酶活单位(U)，进而计算单位质量蛋白质的酶活性。

五、思考题

(1)过氧化氢酶活性测定过程中应注意什么？

(2)植物的过氧化氢酶有哪些作用？

(3)胁迫情况下，植物体内的过氧化氢酶活性会发生什么变化？

实验二十五　植物叶片中过氧化物酶(POD)活性的测定

一、实验原理

过氧化物酶(peroxidase，POD)是以铁卟啉为辅基的氧化酶，催化 H_2O_2 氧化某些酚类、芳香胺和抗坏血酸等还原性物质。它广泛分布于生物界，在细胞代谢的氧化还原过程中起重要作用，如清除细胞内的有害物质 H_2O_2、保护酶蛋白及促进植物细胞木质素的形成等。因此，POD 酶活性是衡量植物在胁迫情况下的一个非常重要的生理指标。

本实验以愈创木酚(邻甲氧基苯酚)和 H_2O_2为底物，过氧化物酶催化 H_2O_2放出新生态氧，使无色的愈创木酚氧化成红棕色的四邻甲氧基连酚。过氧化物酶活力的大小在一定范围内与产物颜色的深浅呈线性关系，该产物在460 nm 处有最大的光吸收，故可通过测定 OD_{460} 的变化来测定过氧化物酶的活力。这里规定，一个过氧化物酶活力单位为在室温、pH 5.4 的条件下，酶反应体系中每分钟 OD_{460} 的增加值为 1 所需的酶量。

活力测定时，酶反应在分光光度计的比色杯内进行，由于酶反应产物增加而使 OD_{460} 增加，通过定时间隔记录可获得一组 OD_{460}。以时间为横坐标，OD 为纵坐标进行线性作图(或用统计方法求得回归方程)，进而计算 OD_{460} 的变化速率(OD_{460}/min)，最后计算每克鲜重样品中过氧化物酶活力的大小。

二、实验仪器

常用玻璃容器与 EP 管，水浴锅，天平，研磨器，冷冻离心机，移液枪(配套枪头)，酶标板，多功能酶标仪或紫外分光光度计等。

三、实验试剂及配制

50 mmol/L 磷酸缓冲液(pH 7.8)：内含 1%(*W/V*)聚乙烯吡咯烷酮(insoluble polyvinylpyrrolidone，PVP)，临用前加。

Bradford 储备液(300 ml)：95%(*V/V*)乙醇 100 ml，88%(*W/V*)磷酸200 ml，考马斯亮蓝 G250 350 mg，定容到 500 ml。

Bradford 工作液(500 ml)：双蒸水 425 ml，95%乙醇 15 ml，88%(*W/V*)磷酸 30 ml，Bradford 储备液 30 ml 混合而成，过滤后置于棕色瓶中保存于室温下。

1.0 mg/ml 的标准牛血清蛋白(BSA)溶液。

酶活力测定缓冲液：0.1 mol/L、pH 5.4 乙酸-乙酸钠缓冲液。

0.25%(*W/V*)愈创木酚溶液：溶于 50%(*V/V*)乙醇中，临用前配制。

0.75%(*W/V*) H_2O_2 溶液：由于 H_2O_2 比较易水解，因此临用前配制。

四、实验步骤

(1)植物样品粗提液中蛋白质浓度的测定：称取植物组织叶片 1 g 置于研钵中，研磨后加 5 ml 50 mmol/L 磷酸缓冲液(pH 7.8)，将匀浆液 12 000 r/min、4℃离心 5 min，上清液即为样品粗提液。取 100 μl 样品粗提液，加入 3.0 ml Bradford 工作液，充分混匀。加完试剂 10 min 后，在分光光度计上测定各样品在 595 nm 处的吸光度 OD_{595}，重复测定 3 次取平均值。根据标准曲线和样品的 OD_{595} 数值即可计算出植物样品粗提液中的蛋白质浓度。

(2)样品测定：在玻璃试管内，先加入 2 ml 乙酸-乙酸钠缓冲液和 1 ml 0.25%(*W/V*)愈创木酚溶液，再加入 0.1 ml 样品粗提液(视酶活力大小而定)，最后加入 0.1 ml 0.75%(*W/V*)H_2O_2溶液，迅速颠倒混匀。迅速测定 OD_{460}并开始计时，每隔 30 s 读取并记录 OD_{460}，共读 3 min(注：酶液加入量一般控制在5 min 内使 OD_{460}达到 0.5～0.8 为宜)。

(3)结果计算：以时间为横坐标，OD_{460}为纵坐标，对所得数据进行线性作图并得出所作直线的斜率，即每分钟内 OD_{460}的变化值，此为反应的初速度；进而计算单位质量蛋白质的酶活性。

五、思考题

(1)过氧化物酶活性测定过程中应注意什么?

(2)酶活力测定为什么必须测定酶反应的初速度?

(3)植物的过氧化物酶有哪些作用?

(4)胁迫情况下，植物体内的过氧化物酶活性会发生什么变化?

实验二十六 植物叶片中谷胱甘肽还原酶(GR)活性的测定

一、实验原理

谷胱甘肽还原酶(glutathione reductase，GR)可以还原氧化型谷胱甘肽(GSSG)生成还原型谷胱甘肽(GSH)。谷胱甘肽还原酶在许多组织中都有分布，可以维持细胞内充足的还原型谷胱甘肽(GSH)水平。GSH 可以清除自由基和一些有机过氧化物，或作为谷胱甘肽氧化酶(glutathione peroxidase，GPX)的底物来清除一些过氧化物。因此，谷胱甘肽还原酶(GR)酶活性是衡量植物在胁迫情况下的一个非常重要的生理指标。

谷胱甘肽还原酶是一种利用还原型烟酰胺腺嘌呤二核苷酸磷酸(triphosphopyridine nucleotide，NADPH)将氧化型谷胱甘肽(GSSG)催化反应成还原型谷胱甘肽(GSH)的酶 。而 NADPH 在 340 nm 有吸收峰，因此可以通过测定 OD 的减小来计算出谷胱甘肽还原酶的活性。

二、实验仪器

常用玻璃容器与EP管，水浴锅，天平，研磨器，冷冻离心机，移液枪(配套枪头)，酶标板，多功能酶标仪或紫外分光光度计等。

三、实验试剂及配制

50 mmol/L磷酸缓冲液(pH 7.8)：内含1%(*W/V*)聚乙烯吡咯烷酮(insoluble polyvinylpyrrolidone，PVP)，临用前加。

Bradford储备液(300 ml)：95%(*V/V*)乙醇100 ml，88%(*W/V*)磷酸200 ml，考马斯亮蓝G250 350 mg，定容到500 ml。

Bradford工作液(500 ml)：双蒸水425 ml，95%乙醇15 ml，88%(*W/V*)磷酸30 ml，Bradford储备液30 ml混合而成，过滤后置于棕色瓶中保存于室温下。

1.0 mg/ml的标准牛血清蛋白(BSA)溶液。

2 mmol/L NADPH溶液：取1.5 mg NADPH，加入0.9 ml双蒸水，溶解，混匀。预计多余的NADPH须立即分装，-70℃保存。

GSSG溶液：在14.2 mg GSSG中加入10 ml双蒸水，溶解并混匀。预计多余的GSSG须立即分装，-20℃保存。

四、实验步骤

(1)植物样品粗提液中蛋白质浓度的测定：称取植物组织叶片1 g置于研钵中，研磨后加5 ml 50 mmol/L磷酸缓冲液(pH 7.8)，将匀浆液12 000 r/min、4℃离心5 min，上清液即为样品粗提液。取100 μl样品粗提液，加入3.0 ml Bradford工作液，充分混匀。加完试剂10 min后，在分光光度计上测定各样品在595 nm处的吸光度OD_{595}，重复测定3次取平均值。根据标准曲线和样品的OD_{595}数值即可计算出植物样品粗提液中的蛋白质浓度。

(2)样品测定：取两个试管，一个试管加入1 ml GSSG溶液，0.9 ml 50 mmol/L磷酸缓冲液(pH 7.8)，0.1 ml 2 mmol/L NADPH溶液；另一个试管加入1 ml GSSG溶液，0.7 ml 50 mmol/L磷酸缓冲液(pH 7.8)，0.2 ml植物样品粗提液，0.1 ml 2 mmol/L NADPH溶液，加完立即计时，并迅速于340 nm下测定吸光度，每隔1 min读数1次，共测4 min。

(3)结果计算：以 1 min 内 OD_{340}减少 0.1 的酶量为 1 个酶活单位(U)，进而计算单位质量蛋白质的酶活性。

五、思考题

(1)谷胱甘肽还原酶活性测定过程中应注意什么？

(2)植物的谷胱甘肽还原酶有哪些作用？

(3)胁迫情况下，植物体内的谷胱甘肽还原酶活性会发生什么变化？

实验二十七　植物叶片中抗坏血酸过氧化物酶(APX)活性的测定

一、实验原理

抗坏血酸过氧化物酶(ascorbate peroxidase，APX)是植物活性氧代谢中重要抗氧化酶之一，也是维生素 C(抗坏血酸)代谢的主要酶类。APX 具有多种同工酶，分别定位于叶绿体、胞质、线粒体、过氧化物和乙醛酸体，以及过氧化体和类囊体膜上。在植物抗氧化系统中，APX 是清除 H_2O_2的主要酶类。APX 以抗坏血酸(ascorbic acid，AsA)作为电子供体在氧化 AsA 的同时将 H_2O_2还原为 H_2O，是 AsA 的主要消耗者。APX 的活性直接影响 AsA 的含量，在胁迫和解胁迫条件下，APX 与 AsA 具有一定的负相关性。在 APX 活性降低，积累的 AsA 可直接与 O_2和 OH^-反应，清除这些有毒物质。因此，APX 活性是衡量植物在胁迫情况下的一个非常重要的生理指标。

二、实验仪器

常用玻璃容器与 EP 管，水浴锅，天平，研磨器，冷冻离心机，移液枪(配套枪头)，酶标板，多功能酶标仪或紫外分光光度计等。

三、实验试剂及配制

50 mmol/L 磷酸缓冲液(pH 7.8)：内含 1%(*W/V*)聚乙烯吡咯烷酮(insoluble polyvinylpyrrolidone，PVP)，临用前加。

Bradford 储备液(300 ml)：95%(*V/V*)乙醇 100 ml，88%(*W/V*)磷酸200 ml，考马斯亮蓝 G250 350 mg，定容到 500 ml。

Bradford 工作液(500 ml)：双蒸水 425 ml，95%乙醇 15 ml，88%(*W/V*)磷酸 30 ml，Bradford 储备液 30 ml 混合而成，过滤后置于棕色瓶中保存于室温下。

1.0 mg/ml 的标准牛血清蛋白(BSA)溶液，0.3 mmol/L 抗坏血酸(AsA)，20 μmol/L抗坏血酸(AsA)，0.06 mmol/L H_2O_2，液氮。

四、实验步骤

(1)植物样品粗提液中蛋白浓度的测定：称取植物组织叶片 1 g 置于研钵中，研磨后加 5 ml 50 mmol/L 磷酸缓冲液(pH 7.8)，将匀浆液 12 000 r/min、4℃离心 5 min，上清液即为样品粗提液。取 100 μl 样品粗提液，加入 3.0 ml Bradford 工作液，充分混匀。加完试剂 10 min 后，在分光光度计上测定各样品在 595 nm 处的吸光度 OD_{595}，重复测定 3 次取平均值。根据标准曲线和样品的 OD_{595}数值即可计算出植物样品粗提液中的蛋白质浓度。

(2)酶活性测定：3 ml 反应混合液中含 50 mmol/L 磷酸缓冲液(pH 7.8)、0.1 mmol/L Na_2-EDTA、0.3 mmol/L 抗坏血酸(AsA)、0.06 mmol/L H_2O_2 和 0.1 ml样品粗提液。加入 H_2O_2后立即在 25℃下测定 10～30 s 内的 OD_{290}变化 *N*。

(3)结果计算：计算单位时间内 AsA 减少量(即每分钟 OD_{290}变化)及酶活性，进而用下列公式计算单位质量蛋白质的抗坏血酸过氧化物酶(APX)酶活性(*X*)，以室温下每分钟氧化 1 μmol AsA 的酶量作为一个酶活性单位。

$$X(\mathrm{U}) = N \times 6 \times V/(V_s \times \mathrm{FW} \times C) \qquad (3\text{-}4)$$

式中，*X* 为单位质量蛋白质的抗坏血酸过氧化物酶(APX)酶活性(U)；*N* 为每 10 s OD_{290}变化；*V* 为样品提取液总体积(ml)；V_s 为吸取样品液体积(ml)；FW 为样品质量(g)；C 为样品粗提液的蛋白质浓度(μg/μl)。

五、思考题

(1)抗坏血酸过氧化物酶活性测定过程中应注意什么?

(2)植物的抗坏血酸过氧化物酶有哪些作用?

(3)胁迫情况下，植物体内的抗坏血酸过氧化物酶活性会发生什么变化?

实验二十八　植物叶片中超氧化物歧化酶(SOD)活性的测定

一、实验原理

许多逆境能影响植物体内活性氧代谢系统的平衡，即增加活性氧的产量，破坏活性氧清除剂的结构、降低活性氧含量水平，并进一步启动膜脂过氧化或膜脂脱脂作用从而破坏膜结构，加深伤害。超氧化物歧化酶(superoxide dismutase，SOD)是以氧自由基为底物的酶，在活性氧代谢中处于重要地位，可淬灭超氧负离子的毒性，终止由超氧负离子启动的一系列自由基连锁反应所造成的生物毒损伤，为生物体内最重要的清除活性氧自由基的酶类。该酶有 CuZn-SOD、Mn-SOD、Fe-SOD 三种类型。因此，SOD 酶活性是衡量植物在胁迫情况下的一个非常重要的生理指标。

超氧化物歧化酶广泛存在于一切好氧生物中。植物组织中 SOD 活性测定可采用氮蓝四唑(nitro-blue tetrazolium，NBT)，NBT 在光照下被超氧负离子还原为蓝甲，产物在 560 nm 处有吸收峰。通过测定加入酶液后蓝甲含量的变化，可计算出 SOD 的活性。

二、实验仪器

常用玻璃容器与 EP 管，水浴锅，天平，研磨器，冷冻离心机，移液枪(配套枪头)，酶标板，多功能酶标仪或紫外分光光度计等。

三、实验试剂及配制

50 mmol/L 磷酸缓冲液(pH 7.8)：内含 1%(*W/V*)聚乙烯吡咯烷酮(insoluble polyvinylpyrrolidone，PVP)，临用前加。

Bradford 储备液(300 ml)：95%(*V/V*)乙醇 100 ml，88%(*W/V*)磷酸200 ml，考马斯亮蓝 G250 350 mg，定容到 500 ml。

Bradford 工作液(500 ml)：双蒸水 425 ml，95%乙醇 15 ml，88%(*W/V*)磷酸 30 ml，Bradford 储备液 30 ml 混合而成，过滤后置于棕色瓶中保存于室温下。

1.0 mg/ml 的标准牛血清蛋白(BSA)溶液，14.5mmol/L 甲硫氨酸，0.3 %

(*W/V*) Triton X-100，4 %(*W/V*)聚乙烯聚吡咯烷酮液，5mmol/L 氮蓝四唑(NBT)溶液，5mmol/L 核黄素溶液、液氮。

四、实验步骤

(1)植物样品粗提液中蛋白质浓度的测定：称取植物组织叶片 1 g 置于研钵中，研磨后加5 ml 50 mmol/L 磷酸缓冲液(pH 7.8)，将匀浆液12 000 r/min、4℃离心 5 min，上清液即为样品粗提液。取 100 μl 样品粗提液，加入 3.0 ml Bradford 工作液，充分混匀。加完试剂 10 min 后，在分光光度计上测定各样品在595 nm 处的吸光度 OD_{595}，重复测定3 次取平均值。根据标准曲线和样品的 OD_{595} 数值即可计算出植物样品粗提液中的蛋白质浓度。

(2)测定前在 5 ml 14.5 mmol/L 甲硫氨酸中分别加入 EDTA、氮蓝四唑(NBT)、核黄素溶液各2 ml，混匀，此为反应混合液。在盛有 3 ml 反应混合液的试管中，加入 0.1 ml 植物样品粗提液 10 min，迅速测定 560 nm 下的吸光度，以不加酶液的照光管为对照，计算反应被抑制的百分比。

(3)酶活力计算：以能抑制反应50%的酶量为一个超氧化物歧化酶(SOD)酶单位(U)，进而用下列公式计算单位质量蛋白质的超氧化物歧化酶(SOD)酶活性(*X*)。

$$X(\mathrm{U}) = (\mathrm{OD}_1 - \mathrm{OD}_2) \times 2 \tag{3-5}$$

式中：*X* 为单位质量蛋白质的超氧化物歧化酶(SOD)酶活性(U)；OD_1 为对照管在 560 nm 处的吸光度；OD_2 为测定管在 560 nm 处的吸光度。

五、思考题

(1)超氧化物歧化酶活性测定过程中应注意什么？

(2)植物的超氧化物歧化酶有哪些作用？

(3)胁迫情况下，植物体内的超氧化物歧化酶活性会发生什么变化？

实验二十九　植物叶片中多酚氧化酶(PPO)活性的测定

一、实验原理

多酚氧化酶(polyphenoloxidase，PPO)是自然界中分布极广的一种金属蛋白酶，普遍存在于植物、真菌、昆虫的质体中，甚至在土壤中腐烂的植物残渣上都可以检测到多酚氧化酶的活性。多酚氧化酶的共同特征是能够通过分子氧氧化酚或多酚形成对应的醌。在广义上，多酚氧化酶可分为三大类：单酚氧化酶(即酪氨酸酶)、双酚氧化酶(即儿茶酚氧化酶)和漆酶。在这三大类多酚氧化酶中，儿茶酚氧化酶主要分布在植物中，微生物中的多酚氧化酶主要包括漆酶和酪氨酸酶。现在大部分文献所说的多酚氧化酶一般是儿茶酚氧化酶和漆酶的统称。多酚氧化酶与植物的氧化还原反应密切相关，其酶活性是衡量植物在胁迫情况下的一个非常重要的生理指标。

多酚氧化酶是一种含铜的氧化酶，在有氧的条件下，能使一元酚和二元酚氧化产生醌。用分光光度法在 525 nm 波长处测其吸光度，即可计算出多酚氧化酶的活力和比活性。

二、实验仪器

常用玻璃容器与 EP 管，水浴锅，天平，研磨器，冷冻离心机，移液枪(配套枪头)，酶标板，多功能酶标仪或紫外分光光度计等。

三、实验试剂及配制

50 mmol/L 磷酸缓冲液(pH 7.8)：内含 1%(*W/V*)聚乙烯吡咯烷酮(insoluble polyvinylpyrrolidone，PVP)，临用前加。

Bradford 储备液(300 ml)：95%(*V/V*)乙醇 100 ml，88%(*W/V*)磷酸 200 ml，考马斯亮蓝 G250 350 mg，定容到 500 ml。

Bradford 工作液(500 ml)：双蒸水 425 ml，95% 乙醇 15 ml，88%(*W/V*)磷酸 30 ml，Bradford 储备液 30 ml 混合而成，过滤后置于棕色瓶中保存于室温下。

1.0 mg/ml 的标准牛血清蛋白(BSA)溶液。

反应液：用 50 mmol/L 的磷酸缓冲液(pH 6.4)配制，内含 100 μmol/L 邻苯二酚。

四、实验步骤

(1)植物样品粗提液中蛋白质浓度的测定：称取植物组织叶片 1 g 置于研钵中，研磨后加 5 ml 50 mmol/L 磷酸缓冲液(pH 7.8)，将匀浆液 12 000 r/min、4℃离心 5 min，上清液即为样品粗提液。取 100 μl 样品粗提液，加入 3.0 ml

Bradford 工作液，充分混匀。加完试剂 10 min 后，在分光光度计上测定各样品在 595 nm 处的吸光值 OD_{595}，重复测定 3 次取平均值。根据标准曲线和样品的 OD_{595} 数值即可计算出植物样品粗提液中的蛋白质浓度。

(2)酶活测定：取 50 μl 样品粗提液，加入 350 μl 反应液(用 50 mmol/L，pH 6.4 的磷酸缓冲液配制，内含 100 μmol/L 邻苯二酚)，平衡 1 min 后连续测定 398 nm处吸光度的变化。

(3)结果计算：1 min 内 OD_{398} 上升 0.01 为一个酶活性单位，结果以 U/mg 蛋白质表示。

五、思考题

(1)多酚氧化酶活性测定过程中应注意什么?

(2)植物的多酚氧化酶有哪些作用?

(3)胁迫情况下，植物体内的多酚氧化酶活性会发生什么变化?

实验三十　植物叶片中烟酰胺腺嘌呤二核苷酸氧化酶(NOX)活性的测定

一、实验原理

还原态烟酰胺腺嘌呤二核苷酸(reduced form of nicotinamide-adenine dinucleotid, NADH)氧化酶(NADH oxidase, NOX)广泛存在于动物、植物、微生物和培养细胞中，可在氧气存在下，直接将 NADH 氧化为烟酰胺腺嘌呤二核苷酸(nicotinamide adenine dinucleotide, NAD)。该酶不仅参与 NAD 的再生，而且与免疫反应密切相关。NADH 氧化酶(NOX)是细胞中非常重要的氧代谢酶，它可以清除细胞内的氧毒性，帮助细胞抵抗外界氧的压力，对于维持细胞体内氧的平衡具有非常重要的意义。正因为 NADH 氧化酶(NOX)与植物的氧化还原反应密切相关，所以其酶活性是衡量植物在胁迫情况下的一个非常重要的生理指标。

NADH 氧化酶(NOX)能够将 NADH 氧化为 NAD，NADH 的氧化与 2,6-二氯酚靛蓝的还原相偶联，蓝色的 2,6-二氯酚靛蓝被还原为无色的 2,6-二氯酚靛蓝，在用分光光度法在 600 nm 波长处测定蓝色 2,6-二氯酚靛蓝的还原速率，即可计算出 NADH 氧化酶(NOX)活性的大小。

二、实验仪器

常用玻璃容器与 EP 管，水浴锅，天平，研磨器，冷冻离心机，移液枪(配套枪头)，酶标板，多功能酶标仪或紫外分光光度计等。

三、实验试剂及配制

50 mmol/L 磷酸缓冲液(pH 7.8)：内含 1%(*W/V*)聚乙烯吡咯烷酮(insoluble polyvinylpyrrolidone，PVP)，临用前加。

Bradford 储备液(300 ml)：95%(*V/V*)乙醇 100 ml，88%(*W/V*)磷酸200 ml，考马斯亮蓝 G250 350 mg，定容到 500 ml。

Bradford 工作液(500 ml)：双蒸水 425 ml，95% 乙醇 15 ml，88%(*W/V*)磷酸 30 ml，Bradford 储备液 30 ml 混合而成，过滤后置于棕色瓶中保存于室温下。

1.0 mg/ml 的标准牛血清蛋白(BSA)溶液，1 g NADH，1 g 二硫苏糖醇(DL-Dithiothreitol，DTT)，液氮。

四、实验步骤

(1)植物样品粗提液中蛋白质浓度的测定：称取植物组织叶片 1 g 置于研钵中，研磨后加 5 ml 50 mmol/L 磷酸缓冲液(pH 7.8)，将匀浆液 12 000 r/min、4℃离心 5 min，上清液即为样品粗提液。取 100 μl 样品粗提液，加入 3.0 ml Bradford 工作液，充分混匀。加完试剂 10 min 后，在分光光度计上测定各样品在 595 nm 处的吸光度 OD_{595}，重复测定 3 次取平均值。根据标准曲线和样品的 OD_{595} 数值即可计算出植物样品粗提液中的蛋白质浓度。

(2)酶活测定：反应液总体积为 3.2 ml，含有 50 mmol/L 的磷酸钾缓冲溶液(pH 7.6)、1 mmol/L 的 DTT，加入 20 mmol/L NADH 25 μl 后于 30℃保温10 min，再加入 200 μl 酶液，以固定的频率快速振荡之后，通过紫外分光光度计于 340 nm处连续跟踪其吸光度的变化，每隔 6 s 读取数据，连续测 1 min。

(3)结果计算：以每分钟氧化 1 μmol NADH 所需的酶量为 1 个单位(U)，进而用下列公式计算单位质量蛋白质的 NADH 氧化酶(NOX)酶活性(X)。

$$X(\mathrm{U}) = (V_t \times OD_{340})/(N \times V_s \times P) \tag{3-6}$$

式中，X 为单位质量蛋白质的 NADH 氧化酶(NOX)酶活性(U)；V_t为反应液总体积，本实验为 3 ml；V_s 为样品体积，本实验为 0.20 ml；N 为摩尔吸光系数，NADH 在 340 nm 处的毫摩尔消光系数为 6.22；OD_{340} 为每分钟吸光度变化值；P (mg/ml) 为蛋白浓度（mg/ml）的比值。

五、思考题

(1) NADH 氧化酶活性测定过程中应注意什么？

(2) 植物的 NADH 氧化酶有哪些作用？

(3) 胁迫情况下，植物体内的 NADH 氧化酶活性会发生什么变化？

第四部分　植物代谢的部分关键酶

植物的代谢反应与植物的胁迫应答密切相关，不仅因为代谢的底物和产物，以及代谢反应本身与胁迫的关系，还由于代谢的部分关键酶可能直接参与了植物的胁迫反应。如植物代谢中的 H^+-ATP 酶、三磷酸甘油醛脱氢酶(glyceraldehyde-3-phosphate dehydrogenase，GAPDH)、1,6-二磷酸醛缩酶、乙醇脱氢酶(alcohol dehydrogenase，ADH)、核酮糖-1,5-二磷酸(ribulose diphosphatecarboxylase，RuBP)羧化酶等。这些酶在诸多代谢反应过程中都非常重要，它广泛分布在动植物等各个物种中，在细胞质、质体和线粒体等生物体内的诸多细胞器中都有存在。以前，这些酶主要用来研究蛋白质的结构和功能，但后来对这些基因的生物学功能的研究则越来越细致和深入，发现它们在植物的胁迫反应中也非常重要。

本部分共包括 4 个实验，即实验三十一 植物质膜 H^+-ATP 酶活性的测定；实验三十二 植物叶片中三磷酸甘油醛脱氢酶(GAPDH)活性的测定；实验三十三 植物叶片中 1,6-二磷酸醛缩酶活性的测定；实验三十四 植物叶片中乙醇脱氢酶(ADH)活性的测定。

实验三十一　植物质膜 H^+-ATP 酶活性的测定

一、实验原理

ATP 是腺苷三磷酸的英文缩写符号，ATP 的分子式可以简写成 A-P ~ P ~ P。简式中的 A 代表腺苷，P 代表磷酸基团，~代表一种特殊的化学键，称为高能磷酸键。ATP 是各种活细胞内普遍存在的一种高能磷酸化合物，高能磷酸化合物是指水解时释放的能量在 20.92 kJ/mol(千焦每摩尔)以上的磷酸化合物，ATP 水解时释放的能量高达 30.54 kJ/mol。ATP 的水解实际上是指 ATP 分子中高能磷酸键的水解。高能磷酸键水解时能够释放出大量的能量，ATP 分子中大量的化学能就储存在高能磷酸键中。ATP 酶与 ATP 水解反应偶合的转运是一个严格的化学反应，即每分子 ATP 水解能够使一定数量的溶液分子被转运。例如，对于钠钾 ATP 酶，每分子 ATP 水解能够使三个钠离子被运出细胞，同时两个钾离子被运入。跨膜 ATP 酶需要 ATP 水解所产生的能量，因为这些酶需要做功：它们逆着热力学上更容易发生的方向来进行物质运输，换句话说，以膜为参照，它们可以将物质从低浓度的一边运送到高浓度的一边。这一过程被称为主动运输。

ATP 酶又称腺苷三磷酸酶，是一类能将腺苷三磷酸(ATP)催化水解为腺苷二磷酸(adenosine 5′-diphosphate，ADP)和磷酸根离子的酶，这是一个释放能量的反应。在大多数情况下，能量可以通过传递而被用于驱动另一个需要能量的化学反应。这一过程被所有已知的生命形式广泛利用。部分 ATP 酶是内在膜蛋白，可以锚定在生物膜上，并可以在膜上移动；这些 ATP 酶又被称为跨膜 ATP 酶。跨膜 ATP 酶可以为细胞输入许多新陈代谢所需的物质并输出毒物、代谢废物及其他可能阻碍细胞进程的物质。例如，钠钾 ATP 酶(又称钠/钾离子 ATP 酶)能够调节细胞内钠/钾离子的浓度，从而保持细胞的静息电位；氢钾 ATP 酶(又称氢/钾离子 ATP 酶或胃质子泵)可以使胃内保持酸化环境。除了作为离子交换器，跨膜 ATP 酶还有其他类别，包括共转运蛋白和离子泵。这些跨膜 ATP 酶中，有一些可以造成膜内外电荷的流动，其他的则不行，因此又可以将这些转运蛋白分为生电型(electrogenic)和非生电型。

各种胁迫引起膜系统受损导致膜蛋白酶活性降低，进而影响其正常功能的发挥。H^+-ATP 酶是细胞膜上的标志酶，具有控制胞内 pH、产生电化学梯度、促进离子及分子运输等重要生理功能；并参与植物细胞对逆境的反应与适应，对冷胁迫表现出高度的敏感性和可塑性，该酶活性的变化被认为是植物细胞对胁迫的最初生理反应。一般认为，ATP 酶活性较稳定的植物其抗性较强。因此，质膜 H^+-ATP 酶活性是衡量植物在胁迫情况下的一个非常重要的生理指标。

质膜 H^+-ATP 酶活性大小是根据单位时间内，单位蛋白质中 H^+-ATP 酶水解 ATP 产生 Pi 量的多少确定的，Pi 用钼蓝法测定。活性测定时，质膜的纯度对结果影响较大，故采用两相分配分离法充分纯化质膜，而后测定 H^+-ATP 酶的活性。

二、实验仪器

常用玻璃容器与 EP 管，烘箱，天平，研磨器，水浴锅，冷冻离心机，移液枪(配套枪头)，紫外分光光度计等。

三、实验试剂及配制

植物完全培养液，液氮，20 mmol/L $MgSO_4$，5 mmol/L NaN_3（有毒），5 mmol/L 4-羟乙基哌嗪乙磺酸（HEPES）-三羟甲基氨基甲烷（Tris）（pH 6.5），1 mmol/L钼酸铵溶液，10 mmol/L Tris-HCl（pH 7.4），5 mmol/L 磷酸缓冲液（pH 7.8），6.1%（*W/V*）的葡聚糖 T500，6.1%（*W/V*）聚乙二醇 6000，1 μmol/L KH_2PO_4的标准液。

酸性 ATP：1.1022 g ATP 钠盐，用三羟甲基氨基甲烷（Tris）将滤液 pH 调至 7.5，最后定容至 100 ml。

反应终止液 H_2SO_4：以钼酸铵∶H_2SO_4∶H_2O=1∶1∶3（*V/V/V*）混合。

显色液：Na_2SO_3溶液中，pH 调至 5.5，然后加 0.5 g Na_2SO_4溶解，混匀。

四、实验步骤

（1）质膜提取：取植物根尖用匀浆缓冲液 20 ml 于冰浴中匀浆，匀浆液以 9000 r/min、4℃离心 20 min，去除沉淀。上清液经 30 000 r/min、4℃离心 1 h。收集沉淀并使其悬浮于 10 ml 上述缓冲液中，此步所得为质膜初提液。

（2）质膜纯化：于 50 ml 离心管内加两相溶液各 10 ml 再加入 2 ml 质膜初提液。用盖子盖紧离心管，反复倒转 20 次，使样品与两相液充分混合。混合液以水平转头 1000 r/min、4℃离心 4 min。小心吸取上相液界面，然后将残留混合液于 30 000 r/min、4℃离心 1 h，收集沉淀，使之悬浮于 1 ml 上述提取液中，置于 −30℃下保存。

（3）质膜 H^+-ATP 酶活性的测定：反应体系体积 0.5 ml，反应液中含 200 μl HEPES-Tris 缓冲液，50 μl $MgSO_4$溶液，50 μl KNO_3溶液，50 μl NaN_3溶液，50 μl 钼酸铵溶液，50 μl 质膜提取液（含 100～200 μg 膜蛋白），以 50 μl 20 mmol/L ATP-Tris 启动反应。将反应试管放到 37℃的温水浴中，反应 20 min 后，加入酶反应终止液 1 ml，而后加入显色液 0.2 ml，摇匀，室温放置 40 min 后于 660 nm 处比色。以反应后立即加终止液者作空白对照。据无机磷标准曲线计算出样品中的无机磷含量。

（4）无机磷标准曲线制作及测定：配制 0 μmol/L、2 μmol/L、4 μmol/L、6 μmol/L、8 μmol/L、10 μmol/L KH_2PO_4标准液，分别取 50 μl，代替质膜提取

液，加入反应体系中。再加 1 ml 终止液，0.2 ml 显色液，室温放置 40 min 后于 660 nm 处比色，制作标准曲线。

（5）蛋白质测定：采用考马斯亮蓝法测定提取液的蛋白质含量。

（6）酶活性计算：据所求得的无机磷含量、蛋白质含量及反应时间 20 min 算出酶活性，即单位质量蛋白质每分钟所产生的 Pi 量。

五、思考题

（1）如何提取植物的质膜？哪个组织部位最好？

（2）植物的质膜 H^+-ATP 酶有哪些作用？

（3）胁迫情况下，植物体内质膜上 H^+-ATP 酶活性会发生什么变化？

实验三十二　植物叶片中三磷酸甘油醛脱氢酶（GAPDH）活性的测定

一、实验原理

糖的分解代谢有三种途径，分别为糖酵解（glycolysis）、三羧酸循环（tricarboxylic acid cycle）和磷酸戊糖途径（pentose phosphate pathway）。糖酵解是指淀粉、葡萄糖或其他六碳糖在无氧条件下分解生成丙酮酸，并伴随着 ATP 生成的过程，由于代谢过程中不需要氧气，因此也称之为无氧呼吸。由于糖酵解过程中还伴随着 ATP 的形成，这一过程可以为机体生命活动提供必需的能量，同时，该过程也为机体合成其他生命物质（如氨基酸、核苷酸、脂肪酸等）提供碳原子或碳链骨架。糖酵解在细胞质中进行，因此参与糖酵解途径的各种酶也都存在于细胞质中，在植物中发现糖酵解反应也能在质体中发生。对高等植物来说，不管是有氧呼吸还是无氧呼吸，糖的分解都必须先经过糖酵解阶段，形成丙酮酸，然后才分道扬镳。糖酵解是在古老的陆地形成过程中的厌氧条件下形成的生化通路，这一代谢途径几乎存在于所有的有机体中，而且在各个物种中高度保守，即使在大气中氧气的出现之后，它又提供了另一种手段——对丙酮酸的进一步氧化磷酸化，并产生大量的能量。糖酵解相关的基因在生物进化的过程中也是高度保守的，它们的稳定表达也是葡萄糖稳定代谢所必需的。以往对糖酵解酶的研究主要集中在对其蛋白结构和催化功能的研究，最近的研究表明，一些糖酵解酶不是简单的糖酵解途径的酶组分，而是更为复杂的多功能蛋白质。研究发现，许多糖酵解酶还具有新的功能，如己糖激酶(hexokinase)、乳酸脱氢酶(lactate dehydrogenase)、三磷酸甘油醛脱氢酶(glyceraldehyde-3-phosphate dehydrogenase, GAPDH)等，它们还参与了基因的转录调控、细胞凋亡等非糖酵解过程。

三磷酸甘油醛脱氢酶(GAPDH)在诸多代谢反应过程中都非常重要，它广泛分布在动植物等各个物种中，在细胞质、质体和线粒体等生物体内的诸多细胞器中都有存在。以前，GAPDH 主要用来研究蛋白质的结构和功能，但后来对该基因的生物学功能的研究则越来越细致和深入。GAPDH 是糖酵解过程和卡尔文循环中的关键调节酶，由于其在各组织及各种条件下的稳定表达而被当作一个很好的看家基因。对于其他植物中 GAPDH 主要是参与代谢反应的一些研究，在拟南芥中，越来越多的研究表明该基因家族受多种胁迫诱导表达，且参与植物对多种胁迫的应答和发育。

在植物体中，GAPDH 主要分为以下四类：第一类是依赖于 NAD 的磷酸化细胞质定位的 GAPC；第二类是存在于非绿色质体中的与 GAPC 高度同源的 GAPCp；第三类是不依赖于 NADP 的非磷酸化的细胞质定位的 NP-GAPDH；第四类是依赖于 NADP 的磷酸化的叶绿体定位的 GAPA/B。

1. 胞质 GAPDH(GAPC)

GAPC 存在于细胞质中，以 NAD^+ 为辅酶，是一种磷酸化酶，在胞质糖分解的过程中催化 3-磷酸甘油醛(G-3P)可逆的氧化和磷酸化，生成 1,3-二磷酸甘油酸(DPGA)，同时伴随着 NADH 的生成。该酶由 4 个 30～40 kDa 的亚基组成，分子质量 146 kDa，由核基因 *GAPC* 编码。

2. 质体 GAPDH(GAPCp)

GAPCp 与胞质 GAPDH 在基因序列和催化活性上都高度相似，也是以 NAD^+ 为辅酶，是最近发现的存在于植物质体中的一种新的类型。负责在非绿色质体中的糖酵解过程，并有能量产生。由于目前只在陆生植物中鉴定获得了这个质体 GAPDH，因此它也被看作陆生植物进化的标志之一。

3. NP-GAPDH

NP-GAPDH 也存在于细胞质中，是一种非磷酸化酶，它不可逆地催化 3-磷酸甘油醛氧化生成 3-磷酸甘油酸，并伴随着还原型烟酰胺腺嘌呤二核苷酸磷酸即还原型辅酶Ⅱ(NADPH)的生成，但不产生 ATP。该酶在藻类、植物和革兰氏阳性菌中都有存在，也是由核基因编码。

4. 叶绿体 GAPDH(GAPA/B)

GAPA/B 存在于叶绿体中的一种磷酸化酶，以 $NADP^+$ 为辅酶，是卡尔文循环的关键酶，通过与卡尔文循环相关酶形成复合体来参与二氧化碳的固定。该酶包含两种亚基，分别是 GAPDHA 和 GAPDHB，分别由两种核基因编码。在藻类中，叶绿体 GAPDH 一般是以同源四聚体(A_4)的形式存在。而在高等植物中，除了这种同源四聚体外，还有另外一种异源四聚体的形式(A_2B_2)。在叶绿体中，它可以可逆地催化 1,3-二磷酸甘油酸生成磷酸盐丙糖，研究认为这一物质会最终转运到细胞质中，作为胞质 GAPDH 的底物。

对于第一种和第二种酶，由于它们均是以 NAD^+ 作为辅酶进行反应的，因此在反应底物过量的情况下，通过检测在单位时间内 NAD^+ 减少的量或 NADH 增加的量即可计算相应 GAPDH 的酶活性。而对于第三种和第四种酶，由于它们均是以 $NADP^+$ 作为辅酶进行反应的，因此在反应底物过量的情况下，通过检测在单位时间内 $NADP^+$ 减少的量或 NADPH 增加的量即可计算相应 GAPDH 的酶活性。

二、实验仪器

常用玻璃容器与 EP 管，水浴锅，天平，研磨器，冷冻离心机，移液枪(配套枪头)，酶标板，多功能酶标仪或紫外分光光度计等。

三、实验试剂及配制

50 mmol/L 磷酸缓冲液(pH 7.8)：内含 1%(*W/V*)聚乙烯吡咯烷酮(insoluble polyvinylpyrrolidone，PVP)，临用前加。

Bradford 储备液(300 ml)：95%(*V/V*)乙醇 100 ml，88%(*W/V*)磷酸200 ml，考马斯亮蓝 G250 350 mg，定容到 500 ml。

Bradford 工作液(500 ml)：双蒸水 425 ml，95% 乙醇 15 ml，88%(*W/V*)磷酸 30 ml，Bradford 储备液 30 ml 混合而成，过滤后置于棕色瓶中保存于室温下。

1.0 mg/ml 的标准牛血清蛋白(BSA)溶液。

反应液：10 mmol/L 砷酸钠，25 μg/μl 3-磷酸甘油醛，50 mmol/L 三羟甲基氨基甲烷(Tris)-HCl(pH 7.5)，20 mmol/L NAD^+，20 mmol/L $NADP^+$。

四、实验步骤

(1)植物样品粗提液中蛋白质浓度的测定：称取植物组织叶片 1 g 置于研钵中，研磨后加 5 ml 50 mmol/L 磷酸缓冲液(pH 7.8)，将匀浆液 12 000 r/min、4℃离心 5 min，上清液即为样品粗提液。取 100 μl 样品粗提液，加入 3.0 ml Bradford 工作液，充分混匀。加完试剂 10 min 后，在分光光度计上测定各样品在 595 nm 处的吸光度 OD_{595}，重复测定 3 次取平均值。根据标准曲线和样品的 OD_{595} 数值即可计算出植物样品粗提液中的蛋白质浓度。

(2)样品测定：取两个 EP 管，一个 EP 管加入 5 μl 10 mmol/L 砷酸钠，925 μl 50 mmol/L Tris-HCl(pH 7.5)，25 μl 20 mmol/L NAD^+，25 μl 20 mmol/L $NADP^+$，20 μl 蛋白提取液；另一个 EP 管加入 5 μl 10 mmol/L 砷酸钠，4 μl 25 μg/μl 3-磷酸甘油醛，921 μl 50 mmol/L Tris-HCl(pH 7.5)，25 μl 20 mmol/L NAD^+，25 μl 20 mmol/L $NADP^+$，20 μl 蛋白提取液，加完立即计时，并迅速于 340 nm 下测定吸光度，每隔 1 min 读数 1 次，共测 4 min。

(3)结果计算：以 1 min 内 OD_{340}减少 0.1 的酶量为 1 个酶活单位(U)，进而计算单位质量蛋白质的酶活性。

五、思考题

(1)三磷酸甘油醛脱氢酶在植物中有哪几种？

(2)植物的三磷酸甘油醛脱氢酶有哪些作用？

(3)胁迫情况下，植物体内的三磷酸甘油醛脱氢酶活性会发生什么变化？

实验三十三　植物叶片中 1,6-二磷酸醛缩酶活性的测定

一、实验原理

光合作用是地球上最重要的化学反应之一，是所有生命活动能量的主要来源。在高等植物中，光合作用发生在叶绿体这一细胞器中。叶绿体含有双层被膜，其内含有一个非常复杂的内膜系统即类囊体膜系统。光合作用包括了一系列复杂的反应，主要分为光反应和碳固定反应两步，而且这两步反应都发生在叶绿体。光反应发生在叶绿体的类囊体膜上，而碳固定反应则发生在叶绿体的基质

中，其中卡尔文循环中的碳固定反应是调控光合作用的核心环节。

卡尔文循环(calvin cycle)又称光合碳循环(暗反应)，是一种类似于柠檬酸循环的新陈代谢过程，可使物质以分子的形态进入和离开此循环后发生再生，整个循环是以ATP作为能量来源，并以降低能阶的方式来消耗NADPH，如此可增加高能电子来制造糖。卡尔文循环一共涉及11个酶催化的13步反应，分为三个阶段：羧化、还原和二磷酸核酮糖的再生。大部分植物会将吸收到的一分子二氧化碳通过一种称为1,5-二磷酸核酮糖羧化酶的作用整合到一个五碳糖分子1,5-二磷酸核酮糖(RuBP)的第二位碳原子上。此过程称为二氧化碳的固定。这一步反应的意义是，把原本并不活泼的二氧化碳分子活化，使之随后能被还原。但这种六碳化合物极不稳定，会立刻分解为两分子的三碳化合物3-磷酸甘油酸。后者被光反应中生成的NADPH还原，此过程需要消耗ATP，产物是3-磷酸丙糖。后来经过一系列复杂的生化反应，一个碳原子将会被用于合成葡萄糖而离开循环。剩下的5个碳原子经一系列变化，最后再生成一个1,5-二磷酸核酮糖，循环重新开始。循环运行6次，生成一分子的葡萄糖。它的调控有两个方面，一是底物水平的调节，主要受到基质内1,5-二磷酸核酮糖(RuBP)浓度的影响，另一方面是一系列代谢酶水平的调节。

卡尔文循环有两个主要的分支点：一个分支点位于6-磷酸果糖的位置上，另一个分支点位于三碳糖磷酸二羟丙酮的位置上。处于第一个分支点上的果糖-1,6-二磷酸醛缩酶可以可逆地催化一些代谢产物缩合生成果糖-1,6-磷酸，而且果糖-1,6-二磷酸醛缩酶是卡尔文循环中固定二氧化碳后的第一个催化三碳化合物转化为六碳化合物的酶。由于果糖-1,6-二磷酸醛缩酶既是光合作用的关键酶，又与植物胁迫反应密切相关，因此其酶活性的测定对于研究植物的胁迫应答反应具有重要意义。

对其酶活性测定，是以果糖-1,6-二磷酸为反应底物，检测醛缩酶对其裂解的能力，通过检测反应前后反应底物果糖-1,6-二磷酸减少的含量，进而计算出单位时间内蛋白质的酶活性。

二、实验仪器

常用玻璃容器与EP管，水浴锅，天平，研磨器，冷冻离心机，移液枪(配套枪头)，酶标板，多功能酶标仪或紫外分光光度计等。

三、实验试剂及配制

50 mmol/L 磷酸缓冲液（pH 7.8）：内含 1%（*W/V*）聚乙烯吡咯烷酮（insoluble polyvinylpyrrolidone，PVP），临用前加。

Bradford 储备液（300 ml）：95%（*V/V*）乙醇 100 ml，88%（*W/V*）磷酸200 ml，考马斯亮蓝 G250 350 mg，定容到 500 ml。

Bradford 工作液（500 ml）：双蒸水 425 ml，95% 乙醇 15 ml，88%（*W/V*）磷酸 30 ml，Bradford 储备液 30 ml 混合而成，过滤后置于棕色瓶中保存于室温下。

1.0 mg/ml 的标准牛血清蛋白（BSA）溶液，果糖-1,6-二磷酸，40 mmol/L Tris-HCl（pH 7.5），56 mmol/L 盐酸水和肼（pH 7.5），10% 三氯乙酸，0.75mol/L NaOH 溶液，0.1% 的 2,4-硝基苯肼盐酸溶液，液氮。

四、实验步骤

（1）植物样品粗提液中蛋白质浓度的测定：称取植物组织叶片 1 g 置于研钵中，研磨后加 5 ml 50 mmol/L 磷酸缓冲液（pH 7.8），将匀浆液 12 000 r/min、4℃离心 5 min，上清液即为样品粗提液。取 100 μl 样品粗提液，加入 3.0 ml Bradford 工作液，充分混匀。加完试剂 10 min 后，在分光光度计上测定各样品在 595 nm 处的吸光度 OD_{595}，重复测定 3 次取平均值。根据标准曲线和样品的 OD_{595} 数值即可计算出植物样品粗提液中的蛋白质浓度。

（2）样品测定：以果糖-1,6-二磷酸为反应底物，检测醛缩酶对其裂解的能力。反应体系如下：40 mmol/L Tris-HCl（pH 7.5），56 mmol/L 盐酸水和肼（pH 7.5），100 μg/ml BSA，反应总体积为 0.25 ml。加入 10 μl 蛋白质提取液 37℃保温 30 min，然后加入 200 μl 10% 三氯乙酸终止反应（以未加酶的相同体系作空白）。离心，取 100 μl 上清，加入 100 μl 0.75 mol/L NaOH 溶液，室温放置 10 min，加入 100 μl 0.1% 的 2,4-硝基苯肼盐酸溶液，37℃保温 10 min，再加入 0.7 ml 0.75 mol/L NaOH 溶液，室温放置 10 min，测定 540 nm 处的吸光度。

（3）结果计算：以 1 min 内 OD_{540}减少 0.1 的酶量为 1 个酶活单位（U），进而计算单位质量蛋白质的酶活性。

五、思考题

（1）1,6-二磷酸醛缩酶在植物中有哪几种？

(2)如何测定1,6-二磷酸醛缩酶的活性?

(3)植物的1,6-二磷酸醛缩酶有哪些作用?

(4)胁迫情况下，植物体内的1,6-二磷酸醛缩酶活性会发生什么变化?

实验三十四　植物叶片中乙醇脱氢酶(ADH)活性的测定

一、实验原理

乙醇脱氢酶(alcohol dehydrogenase，ADH)大量存在于人和动物的肝脏、植物及微生物细胞之中，是一种含锌金属酶，具有广泛的底物特异性。乙醇脱氢酶以烟酰胺腺嘌呤二核苷酸(NAD)为辅酶，催化伯醇和醛之间的可逆反应：$CH_3CH_2OH + NAD^+ \rightarrow CH_3CHO + NADH + H^+$。在人和哺乳动物体内，乙醇脱氢酶与乙醛脱氢酶构成了乙醇脱氢酶系，参与体内的乙醇代谢，是人和动物体内重要的代谢酶。作为生物体内主要短链醇代谢的关键酶，它在很多生理过程中起着重要作用。由于乙醇脱氢酶与植物胁迫反应特别是低氧胁迫与水淹胁迫密切相关，因此其酶活性的测定对于研究植物的胁迫应答反应具有重要意义。

由于乙醇脱氢酶(ADH)催化的反应是以NAD^+作为辅酶进行反应的，因此在反应底物乙醇过量的情况下，通过检测在单位时间内NAD^+减少的量或NADH增加的量即可计算乙醇脱氢酶的酶活性。

二、实验仪器

常用玻璃容器与EP管，水浴锅，天平，研磨器，冷冻离心机，移液枪(配套枪头)，酶标板，多功能酶标仪或紫外分光光度计等。

三、实验试剂及配制

50 mmol/L磷酸缓冲液(pH 7.8)：内含1%(*W/V*)聚乙烯吡咯烷酮(insoluble polyvinylpyrrolidone，PVP)，临用前加。

Bradford储备液(300 ml)：95%(*V/V*)乙醇100 ml，88%(*W/V*)磷酸200 ml，考马斯亮蓝G250 350 mg，定容到500 ml。

Bradford工作液(500 ml)：双蒸水425 ml，95%乙醇15 ml，88%(*W/V*)磷酸30 ml，Bradford储备液30 ml混合而成，过滤后置于棕色瓶中保存于室温下。

1.0 mg/ml 的标准牛血清蛋白(BSA)溶液，液氮，无水乙醇，50 mmol/L Tris-HCl(pH 9.0)，20 mmol/L NAD^+。

四、实验步骤

(1)植物样品粗提液中蛋白质浓度的测定：称取植物组织叶片 1 g 置于研钵中，研磨后加 5 ml 50 mmol/L 磷酸缓冲液(pH 7.8)，将匀浆液 12 000 r/min、4℃离心 5 min，上清液即为样品粗提液。取 100 μl 样品粗提液，加入 3.0 ml Bradford 工作液，充分混匀。加完试剂 10 min 后，在分光光度计上测定各样品在 595 nm 处的吸光度 OD_{595}，重复测定 3 次取平均值。根据标准曲线和样品的 OD_{595} 数值即可计算出植物样品粗提液中的蛋白质浓度。

(2)样品测定：以乙醇为反应底物，检测酶对其裂解的能力。取两个 EP 管，一个 EP 管加入 950 μl 50 mmol/L Tris-HCl(pH 9.0)，25 μl 20 mmol/L NAD^+，25 μl 蛋白质提取液；另一个 EP 管加入 25 μl 无水乙醇，925 μl 50 mmol/L Tris-HCl(pH 9.0)，25 μl 20 mmol/L NAD^+、25 μl 蛋白质提取液，加完立即计时，并迅速于 340 nm 处测定吸光度，每隔 1 min 读数 1 次，共测 4 min。

(3)结果计算：以 1 min 内 OD_{340} 减少 0.1 的酶量为 1 个酶活单位(U)，进而计算单位质量蛋白质的酶活性。

五、思考题

(1)如何检测植物中乙醇脱氢酶的活性？

(2)植物的乙醇脱氢酶在植物代谢中有哪些作用？

(3)胁迫情况下，植物体内的乙醇脱氢酶活性会发生什么变化？

第五部分　植物对病原细菌的抗性

在植物体的生长发育过程中，可能会受到很多种病毒、真菌、细菌及病虫害的侵染，为了生存，植物体在长期的进化过程中通过自然选择积累了较多的抗病反应途径。植物的抗病反应途径是多样化的，一方面植物体本身的细胞结构及细胞壁包含的较厚的角质层和木质素等可以在一定程度上抵御外来病原菌的侵染；另一方面当外来病原菌侵染植物时，植物体内通常会被诱导产生超敏反应，被病原菌侵染的部位通过产生超敏反应诱导细胞死亡，以阻止病原菌对植物的进一步侵染，同时由于细菌的侵染还可使植物体未受侵染的部位产生系统获得抗性，进而保护植物的生长。

目前，植物的细菌侵染研究相对较多，而其抗性反应与植物激素水杨酸(SA)密切相关。本部分共包括两个实验，即实验三十五 植物叶片对病原细菌的基础抗性与系统获得抗性的测定；实验三十六 植物叶片中水杨酸(SA)含量的测定。

实验三十五　植物叶片对病原细菌的基础抗性与系统获得抗性的测定

一、实验原理

植物经常面临着种类繁多的病原微生物的侵染，这些病害侵染是植物生活史中不可避免的不利因素。然而，植物由于自身不能移动，当遭受逆境环境时只能应答外界胁迫，从而在与病原微生物的长期协同进化过程中，进化出一系列复杂而精密的调控机制，来感受外部胁迫并传递信号，从而抵御大多数病原微生物的侵染。一方面植物体本身的细胞结构及细胞壁包含的较厚的角质层和木质素等可以在一定程度上抵御外来病原菌的侵染；另一方面当外来病原菌侵染植物时，植物体内通常会被诱导产生超敏反应，被病原菌侵染的部位通过产生超敏反应诱导细胞死亡，以阻止病原菌对植物的进一步侵染，同时由于细菌的侵染还可使植物体未受侵染的部位产生系统获得抗性。

根据植物免疫系统的研究现状，人们把病原菌与植物的相互作用分成了四个阶段：在第一个阶段，植物的模式识别受体(pattern recognition receptors，PRRs)可以识别病原微生物保守的病原相关分子模式(pathogen- associated molecular patterns，PAMPs)，从而激活植物引发相应的免疫反应，而使大多数的病原微生物不能致病；在第二个阶段，部分进化的病原微生物可以分泌毒性因子，从而导致植物产生相应的效应因子激活的感病性(effector- triggered susceptibility，ETS)；在第三个阶段，植物进化出特异的 *R* 基因识别病原微生物的因子，产生相应的效应因子激活的免疫反应(effector- triggered immunity，ETI)；在第四个阶段，在长期的自然选择和进化中病原微生物会不断产生新的致病效应因子，同时植物也会在进化过程中产生新的 *R* 基因以使自己在与病原菌的互作中生存下来。

植物的抗性一般包括基础抗性(即植物体内的最基本的自然抗性)、系统获得抗性(即上面所提到的当病原菌侵染时，由于细菌的侵染可使植物体未受侵染的部位产生的抗性)、诱导性抗性(与系统获得抗性所不同的是，它不是由病原菌所诱导的，而是由类似根瘤菌等真菌类所诱导的)。植物的基础抗性是植物体内的最基本的自然抗性；外来病原菌侵染植物时，植物体内通常会被诱导产生超敏反应，被病原菌侵染的部位通过产生超敏反应诱导细胞死亡，以阻止病原菌对植物的进一步侵染；同时由于细菌的侵染还可使植物体未受侵染的部位产生系统获得抗性，进而保护植物的生长。丁香假单胞杆菌是一种研究植物对抗病原细菌的模式细菌，利用有毒的菌株可直接分析植物的基础抗性；而含有 R 蛋白的无毒菌株与有毒菌株综合利用，则可以分析植物的系统获得抗性。

二、实验仪器

常用玻璃容器与 EP 管，水浴锅，天平，离心机，移液枪(配套枪头)，酶标板，多功能酶标仪或紫外分光光度计，培养平板，打孔器，植物培养温室等。

三、实验试剂及配制

病原细菌菌株 *Pst* DC3000 和 *Pst* DC3000(*avrB*)，10 mmol/L $MgCl_2$，表面活性剂，利福平，硫酸卡拉霉素。

LB(低盐)培养基：酵母提取物 5 g，胰化蛋白胨 10 g，NaCl 5 g，固体培养基含 1.5% 琼脂粉，调 pH 至 7.0，加双蒸水定容至 1000 ml，121℃ 高压灭菌 20 min。

四、实验步骤

(1)首先取出-80℃储藏的菌种划线到含有相应抗性的 LB(低盐)固体平板上，28℃倒置培养两天后，接种单菌落于 LB(低盐)液体培养基中，28℃，250 r/min 培养两天后，转接于新鲜的 LB(低盐)液体培养基中培养至对数生长期，然后低速离心收集菌体，再用 10 mmol/L $MgCl_2$ 重悬菌体，低速离心收集菌体再重悬一次后测定 OD_{600}，用 *Pst* DC3000 稀释细菌悬液的值为 OD_{600} = 0.002 左右，用 *Pst* DC3000(*avrB*)稀释细菌悬液的值为 OD_{600} = 0.02 左右，然后加入表面活性剂使其终浓度为 0.05%。

(2)用于细菌浸染时，取温室里 4 周的拟南芥叶片材料用于病原菌的侵染，首先用取下针头的注射器来吸取相应浓度的菌液，选取每株材料中较大的莲座叶，在植物叶片的背面轻轻缓慢地进行注射来接种病原菌，然后用蒸馏水轻轻地清洗叶片表面。在接种后的相应时间段取下叶片，取叶片时用打孔器将叶片剪成大小相同的小叶盘，每个样做 20 个重复，用研棒将这些小叶盘轻轻研碎，用手轻轻振荡悬液以使其充分均匀，利用梯度稀释的方法稀释，将不同浓度梯度(一般选取 10^3、10^4、10^5、10^6、10^7 5 个浓度梯度进行稀释)的悬液涂到含有相应抗性的 LB(低盐)固体平板上，平板放入 28℃ 培养箱中倒置培养两天，然后统计各个样品在平板上的相应菌落数，最后通过软件分析实验结果。

(3)其中基础抗性以有毒性的菌株 *Pst* DC3000 侵染拟南芥叶片后，分别统计接种 0 天后(0 day post infection，0 dpi) 和 3 dpi 的细菌数目；系统获得抗性以带有无毒质粒的无毒菌株 *Pst* DC3000(*avrB*)侵染拟南芥叶片 3 dpi，再用有毒性的菌株 *Pst* DC3000 侵染拟南芥未用 *Pst* DC3000(*avrB*)侵染的叶片，分别统计 0 dpi 和 3 dpi 的细菌数目。

五、思考题

(1)什么是植物的基础抗性和系统获得抗性？

(2)植物的免疫反应有哪几个阶段？

(3)如何利用丁香假单胞杆菌进行植物的免疫抗性分析？

(4)什么是超敏反应？超敏反应在植物免疫应答中有何作用？

实验三十六　植物叶片中水杨酸(SA)含量的测定

一、实验原理

在植物体的生长发育过程中，可能会受到很多种病毒、真菌、细菌及病虫害的侵染，为了生存，植物体在长期的进化过程中通过自然选择积累了较多的抗病反应途径。植物的抗病反应途径是多样化的，一方面植物体本身的细胞结构及细胞壁包含的较厚的角质层和木质素等可以在一定程度上抵御外来病原菌的侵染；另一方面，植物体被外来病原菌侵染部位诱导产生超敏反应，进而诱导该部位细胞死亡，从而阻止病原菌的繁殖，同时，病原菌的侵染还会使植物产生诱导抗性和系统获得抗性，而这两种抗性的产生都与病原菌诱导产生的水杨酸密切相关。

植物抗病性是一系列防卫反应基因协同表达的结果，而转录调控是植物防卫反应基因表达调控的主要方式，它可以决定植物对病原物的侵染的抗病或感病程度。植物抗病防卫反应的转录调控涉及众多转录因子的作用。当植物感受到入侵病原菌信号后，首先被植物细胞膜上的感应器所感受，然后信号被传导到下游并且造成第二信使的产生，经过一系列的信号传递事件后使转录因子被激活，活化的转录因子在细胞核内与相应基因启动子中的顺式作用元件发生蛋白质与 DNA 的特异性互作，从而激活防卫反应相关基因的转录表达。在植物的抗病反应过程中，目前研究较多的主要是水杨酸、乙烯、茉莉酸、油菜素内酯和生长素等比较重要的植物激素，众多的转录因子起着至关重要的作用。

在植物的抗病反应过程中，通过病原菌的侵染，以植物体内的信号分子将抗病信号从被病原菌侵染的部位传至整个植物，进而产生植物的系统获得抗性或诱导性抗性。而对于这些植物体内的信号分子，目前研究较多的主要是水杨酸(salicylic acid，SA)、茉莉酸(jasmonic acid，JA)和乙烯(ethylene，ET)等比较重要的植物激素小分子。水杨酸在植物体内广泛存在，是小分子化合物，在植物体内主要有结合态的水杨酸和游离态的水杨酸两种。一般情况下，植物体内的水杨酸含量较高就意味着更抗病一些，反之，植物体内的水杨酸含量较少则意味更感病一些。

植物体内的水杨酸有两种存在形式：一种是游离态的水杨酸，还有一种是结合态的水杨酸。本实验先将游离态的水杨酸与结合态的水杨酸分层，然后将结合态的水杨酸转化为游离态的水杨酸，再通过液相色谱即可分别测出游离态的水杨酸和结合态的水杨酸含量。

二、实验仪器

常用玻璃容器与 EP 管，水浴锅，天平，研磨器，冷冻离心机，移液枪(配套枪头)，液相色谱仪等。

三、实验试剂

80%(*V/V*)甲醇，液氮，萘乙酸(naphthaleneacetic acid，NAA)，水杨酸，0.1%(*W/V*)H_3PO_4，50%(*V/V*)甲醇，HCl。

液相色谱柱 C18 分离柱：型号和规格为 C18(250 mm×5 mm)。

四、实验步骤

(1)首先称取 1 g 4 周大小的植物叶片，用液氮研磨后，加入 3 ml 80%(*V/V*)甲醇，可同时加入 1 μg 萘乙酸作为内参(平均提取量约为 75%)，4℃黑暗条件下反应 24 h。

(2)上步反应完成后，提取液会出现分层，上层即为有机相，有机相中为游离态的水杨酸；下层则为无机相，无机相中为结合态的水杨酸。

(3)通过高效液相色谱(high-performance liquid chromatography，HPLC)测定有机相中游离态的水杨酸，25℃条件下，以 0.1%(*W/V*)H_3PO_4 和 50%(*V/V*)甲醇为流动相，0.6 ml/min 的流速进行分离，230 nm 的波长进行检测，注意波峰的出现时间及检测过程中波形的变化，记录下每个样品检测过程中的波形面积。

(4)无机相中结合态的水杨酸先用 HCl 调 pH 至 1 左右，然后沸水煮30 min，以使结合态的水杨酸全部转化为游离态的水杨酸，然后按上步进行测定，即可得出结合态水杨酸的含量。

(5)同时选择不同浓度的水杨酸作为标准，以高效液相色谱(HPLC)检测分离的波形面积作出标准曲线，以分析水杨酸的含量。

五、思考题

(1)水杨酸在植物免疫应答中有何作用?

(2)如何分别测出游离态的水杨酸与结合态的水杨酸含量?

(3)在病原菌侵染过程中，植物体内的水杨酸含量会发生哪些变化?

主要参考文献

曹建康，姜微波，赵玉梅．2007. 果蔬采后生理生化实验指导．北京：中国轻工业出版社

侯福林．2010. 植物生理学实验教程．北京：科学出版社

胡红红．2006. 水稻逆境相关转录因子的分离和功能鉴定．武汉：华中农业大学博士学位论文

李合生．2000. 植物生理生化实验原理和技术．北京：高等教育出版社

李合生．2002. 植物生理学．北京：高等教育出版社

李玲．2009. 植物生理学模块实验指导．北京：科学出版社

李荣俊．2006. 拟南芥钙相关蛋白激酶相互作用蛋白的分离和功能分析．武汉：武汉大学博士学位论文

刘佳．2007. 水稻 *CIPK* 基因的分离与鉴定．武汉：武汉大学硕士学位论文

刘亚宝．2007. 拟南芥一个木葡聚糖内转移酶/水解酶的生化分析和生物学功能研究．武汉：武汉大学博士学位论文

潘瑞炽，董愚得．2002. 植物生理学．4 版．北京：高等教育出版社

饶晓兰．2010. 一个水稻钙感应蛋白相互作用蛋白激酶功能分析．武汉：武汉大学博士学位论文

荣秋亮．2008. 拟南芥 CAT 家族相互作用蛋白的验证．武汉：武汉大学硕士学位论文

施海涛．2011. 一氧化氮参与拟南芥生长发育的信号转导研究．武汉：武汉大学博士学位论文

王宝山．2004. 植物生理学．北京：科学出版社

王信杰．2007. 拟南芥 CRK5 可能作用蛋白的表达、纯化及功能初探．武汉：武汉大学硕士学位论文

王忠．2010. 植物生理学．2 版．北京：中国农业出版社

吴昌银．2003. 水稻 T-DNA 插入突变体库及其 Enhancer trap 系的创建．武汉：华中农业大学博士学位论文

武维华．2003. 植物生理学．北京：科学出版社

萧浪涛．2003. 植物生理学．北京：中国农业出版社

薛应龙．1985. 植物生理学实验手册．上海：上海科学技术出版社

曾广文．2000. 植物生理学．北京：中国农业出版社

张蕾，赵洁．2010. 植物发育生物学实验指导．武汉：武汉大学出版社

张美．2005. 烟草钙依赖型蛋白激酶生化及表达分析．武汉：武汉大学博士学位论文

张蜀秋．2011. 植物生理学实验技术教程．北京：科学出版社

张秀红．2010. 水稻胞质 3-磷酸甘油醛脱氢酶基因家族的分离和功能分析．武汉：武汉大学博士学位论文

张志良，瞿伟菁 . 2003. 植物生理学实验指导 . 北京：高等教育出版社
张志良 . 2009. 植物生理学实验指导 . 北京：高等教育出版社
赵遵田，苗明升 . 2010. 植物学实验教程 . 北京：科学出版社
邹琦，王忠 . 2000. 植物生理学实验指导 . 北京：中国农业出版社

名词索引(中英文对照)

A

氨基酸(amino acid)

B

丙糖(triose)
丙二醛(malondialdehyde, MDA)
病原相关分子模式(pathogen-associated molecular patterns, PAMPs)
卟啉环(porphyrin ring)

C

超氧化物歧化酶(superoxide dismutase, SOD)

D

丁糖(terose)
单糖(monosaccharide)
多糖 (polysaccharide)
氮蓝四唑(nitro-blue tetrazolium, NBT)
DAF-FM DA(3-amino, 4-aminomethyl-2′,7′-difluorescein, diacetate)

E

二硫苏糖醇(DL-Dithiothreitol, DTT)
2-苯基色原酮(flavone)

G

光合作用(photosynthesis)
寡糖(disaccharide)
钙(calcium, Ca)
谷胱甘肽(glutathione, GSH)
过氧化氢酶(catalase, CAT)
过氧化物酶(peroxidase, POD)
谷胱甘肽还原酶(glutathione reductase, GR)
过氧化氢(hydrogen peroxide, H_2O_2)
谷胱甘肽二硫化物(oxidated glutathione, GSSG)
谷胱甘肽氧化酶(glutathione peroxidase, GPX)
高效液相色谱(high-performance liquid chromatography, HPLC)

H

核酮糖-1,5-二磷酸(ribulose diphosphatecarboxylase, RuBP)
还原型烟酰胺腺嘌呤二核苷酸磷酸即还原型辅酶 Ⅱ (triphosphopyridine nucleotide, NADPH)
还原型烟酰胺腺嘌呤二核苷酸即还原型辅酶Ⅰ(reduced form of nicotinamide-adenine dinucleotid, NADH)
黄酮类化合物(flavonoids)
黄素腺嘌呤二核苷酸(flavin adenine dinucleotide, FAD)
黄素单核苷酸(flavin mononucleotide, FMN)
环磷腺苷(cyclic adenosine monophosphate, cAMP)
环磷鸟苷(cyclic guanosinc monophosphate, cGMP)
活性氧(reactive oxygen species, ROS)

J

己糖(hexose)
结合糖 (glycoconjugate)
焦磷酸法尼酯(farnesylpyrophosphate, FPP)

聚乙烯吡咯烷酮(insoluble polyvinylpyrrolidone, PVP)
己糖激酶(hexokinase)

K

卡尔斯伯酵母菌(*Saccharomyces Carlsbergensis*, SC)
抗坏血酸(ascorbic acid, AsA)
抗坏血酸过氧化物酶(ascorbate peroxidase, APX)
卡尔文循环(calvin cycle)

L

磷酸烯醇式丙酮酸(phosphoenolpyruvate, PEP)
磷酸吡多醛(pyridoxal 5-phosphatemonohydrate, PLP)
类萜途径(terpenoid pathway)
类胡萝卜素途径(carotenoid pathway)
硫代巴比妥酸(thiobarbituric acid, TBA)
裂原活化蛋白激酶(mitogen-activated protein kinase, MAPK)
磷酸戊糖途径(pentose phosphate pathway)

M

模式识别受体(pattern recognition receptors, PRRs)
茉莉酸(jasmonic acid, JA)

N

牛血清蛋白(albumin from bovine serum, BSA)
萘乙酸(naphthaleneacetic acid, NAA)
N-硝基-L-精氨酸甲酯基精氨酸(NG-nitro-L-arginine methyl ester, L-NAME)

P

脯氨酸(proline, Pro)

Q

醛类(aldehyde)
醛糖(aldose)

R

乳酸脱氢酶(lactate dehydrogenase)

S

三氯乙酸(thichloracetic acid)
三磷酸甘油醛脱氢酶(glyceraldehyde-3-phosphate dehydrogenase, GAPDH)
三羧酸循环(tricarboxylic acid cycle)
水杨酸(salicylic acid, SA)

T

酮类(ketone)
酮糖(ketose)
脱落酸(abscisic acid, ABA)
糖酵解(glycolysis)

W

戊糖(pentose)
5,5′-二硫代-双-(2-硝基苯甲酸)(5,5′-dithiobis-2-nitrobenoic acid, DTNB)

X

硝酸还原酶(nitrate reductase, NR)
硝普钠(sodium nitroprusside, SNP)
效应因子激活的感病性(effector-triggered susceptibility, ETS)
效应因子激活的免疫反应(effector-triggered immunity, ETI)
腺苷二磷酸(adenosine 5′-diphosphate, ADP)
腺苷三磷酸(adenosine triphosphate, ATP)

Y

叶绿素(chlorophyll)
叶绿醇(phytol)
一氧化氮(nitric oxide, NO)
一氧化氮合成酶(nitric oxide synthase, NOS)
亚硝酸还原酶(nitrite reductase, NiR)
乙二胺四乙酸(ethylene diamine tetraacetic acid, EDTA)
烟酰胺腺嘌呤二核苷酸(nicotinamide adenine dinucleotide, NAD)
烟酰胺腺嘌呤二核苷酸氧化酶(NADH oxidase, NOX)
乙醇脱氢酶(alcohol dehydrogenase, ADH)
乙烯(ethylene, ET)
1,2-二酰甘油(diacylglycerol, DAG)
1,4,5-三磷酸肌醇(inosositol 1,4,5-trisphosphate, IP_3)

Z

脂肪酸(fatty acid)